建筑工程与施工技术研究

李芊颖　汲生全　邵常芯　著

吉林科学技术出版社

图书在版编目（CIP）数据

建筑工程与施工技术研究 / 李芊颖，汲生全，邵常
芯著． -- 长春：吉林科学技术出版社，2023.7
ISBN 978-7-5744-0815-9

Ⅰ．①建… Ⅱ．①李… ②汲… ③邵… Ⅲ．①建筑施
工－研究 Ⅳ．① TU7

中国国家版本馆 CIP 数据核字（2023）第 177124 号

建筑工程与施工技术研究

著　　　李芊颖　　汲生全　　邵常芯
出 版 人　宛　霞
责任编辑　周振新
封面设计　树人教育
制　　版　树人教育
幅面尺寸　185mm×260mm
开　　本　16
字　　数　300 千字
印　　张　13.75
印　　数　1－1500 册
版　　次　2023年7月第1版
印　　次　2024年2月第1次印刷

出　　版　吉林科学技术出版社
发　　行　吉林科学技术出版社
地　　址　长春市福祉大路5788号
邮　　编　130118
发行部电话/传真　0431-81629529 81629530 81629531
　　　　　　　　　81629532 81629533 81629534
储运部电话　0431-86059116
编辑部电话　0431-81629518
印　　刷　三河市嵩川印刷有限公司

书　　号　ISBN 978-7-5744-0815-9
定　　价　85.00元

前　言

　　建筑施工技术主要指的是贯穿于整个施工项目的硬软件支持。它决定着建筑工程的质量标准、企业效益及硬核技术水平。较好的施工技术可以为建筑工程带来较高的质量标准，质量标准又是衡量建筑施工的重要条件，两者是相辅相成的。近年来，随着社会的发展，建筑业虽然得到了迅猛发展，但是建筑企业若想实现长足发展，必须大力提升自身的建筑施工技术，增强建筑施工技术的多样性。

　　本书首先对建筑工程做了概述，其次讲述了建筑装饰工程，接着讲到了地基处理与基础工程施工、独立基础施工，最后讲述了主体工程施工。本书可供相关领域的工程技术人员学习、参考。

　　本书在编写过程中借鉴了一些专家学者的研究成果和资料，在此特向他们表示感谢。由于编写时间仓促，编写水平有限，不足之处在所难免，恳请专家和广大读者提出宝贵意见，予以批评指正，以便改进。

目 录

第一章 建筑工程概述

第一节 建筑历史及发展

一、中国建筑史

中国建筑以长江、黄河一带为中心，受此地区影响，其建筑形式类似，所使用的材料、工法、营造语言、空间、艺术表现与此地区相同或雷同的建筑，皆可统称为中国建筑。中国古代建筑的形成和发展具有悠久的历史。由于中国幅员辽阔，各处的气候、人文、地质等条件各不相同，从而形成了各具特色的建筑风格。其中，民居形式尤为丰富多彩，如南方的干栏式建筑、西北的窑洞建筑、游牧民族的毡包建筑、北方的四合院建筑等。

中国建筑史主要分为中国古代建筑史及中国近现代建筑史。

（一）中国古代建筑史

1. 原始时期的建筑

原始时期的建筑活动是中国建筑设计史的萌芽，为后来的建筑设计奠定了良好的基础，建筑制度逐渐形成。中国社会的奴隶制度自夏朝开始，经殷商、西周到春秋战国时期结束，直到封建制度萌芽，前后历经了1600余年。在严格的宗法制度下，统治者设计建造了规模相当大的宫殿和陵墓，和当时奴隶居住的简易建筑形成了鲜明的对比，从而反映出当时社会尖锐的阶级对立矛盾。

建筑材料的更新和瓦的发明是周朝在建筑上的突出成就，使古代建筑从"茅茨土阶"的简陋状态逐渐进入了比较高级的阶段，建筑夯筑技术日趋成熟。自夏朝开始的夯土构筑法在我国沿用了很长时间，直至宋朝才逐渐采用内部夯土、外部砌砖的方法构筑城墙，明朝中期以后才普遍使用砖砌法。

此外，原始时期人们设计建造了很多以高台宫室为中心的大、小城市，开始使用砖、瓦、彩画及斗拱梁枋等设计建造房屋，中国建筑的某些重要的艺术特征已经初步形成，如方整规则的庭院，纵轴对称的布局，木梁架的结构体系，以及由屋顶、屋身、基座组成的单体造型。自此开始，传统的建筑结构体系及整体设计观念开始成型，对后世的城市规划、宫殿、坛庙、陵墓乃至民居产生了深远的影响。

这一时期的典型建筑如图 1-1 和图 1-2 所示。

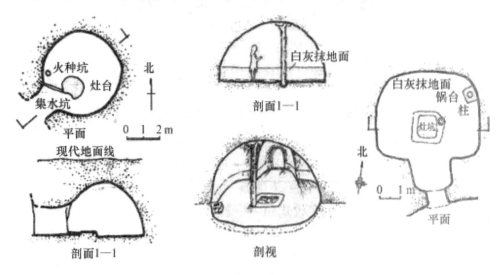

图 1-1　山西岔沟龙山文化洞穴遗址

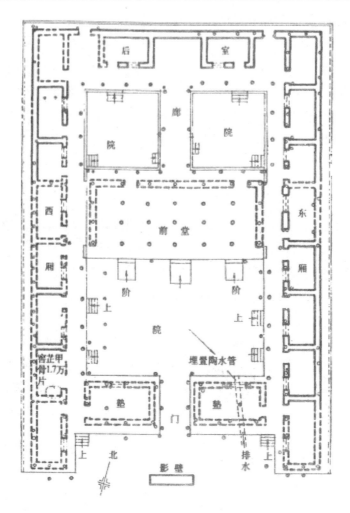

图 1-2　春秋时期宫室遗址示意

2. 秦汉时期的建筑

秦汉时期 400 余年的建筑活动处于中国建筑设计史的发育阶段，秦汉建筑是在商周已初步形成的某些重要艺术特点的基础上发展而来的。秦汉建筑类型以都城、宫室、陵墓和祭祀建筑（礼制建筑）为主，还包括汉代晚期出现的佛教建筑。都城规划形式由商周的规矩对称，经春秋战国向自由格局的骤变，又逐渐回归于规整，整体面貌呈高墙封闭式。宫殿、陵墓建筑主体为高大的团块状台榭式建筑，周边的重要单体多呈十字轴线对称组合，以门、回廊或较低矮的次要房屋衬托主体建筑的庄严、重要，使整体建筑群呈现主从有序、富于变化的院落式群体组合轮廓。祭祀建筑也是汉代的重要建筑类型，其主体仍为春秋战国以来盛行的高台建筑，呈团块状，取十字轴线对称组合，尺度巨大，形象突出，追求象征含义。从现存汉阙、壁画、画像砖、冥器中可以看出，秦汉建筑的尺度巨大，柱阑额、梁枋、屋檐都是直线，外观为直柱、水平阑额和屋檐，平坡屋顶，已经出现了屋坡的折线"反字"（指屋檐上的瓦头仰起，呈中间、凹四周高的形状），但还没有形成曲线或曲面的建筑外观，风格豪放朴拙、端庄严肃，建筑装饰色彩丰富，题材诡谲，造型夸张，呈现出质朴的气质。

秦汉时期社会生产力的极大提高，促使制陶业的生产规模、烧造技术、数量和质量都超越了以往的任何时代，秦汉时期的建筑因而得以大量使用陶器，其中最具特色的就是画像砖和各种纹饰的瓦当，素有"秦砖汉瓦"之称。

这一时期的典型建筑如图1-3和图1-4所示。

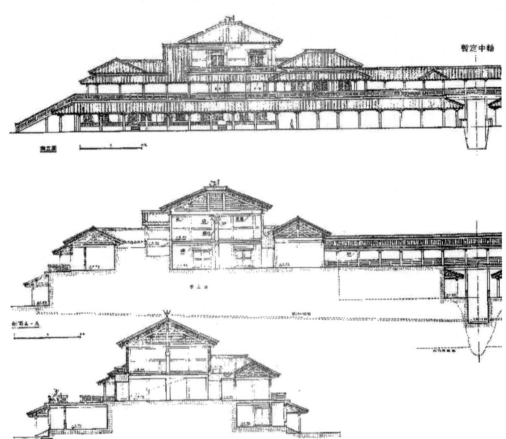

图1-3　秦咸阳宫一号宫殿

图1-4　四川雅安高颐阙（汉代）

3. 魏晋南北朝时期的建筑

魏晋南北朝时期是古代中国建筑设计史上的过渡与发展期。北方少数民族进入中原，中原士族南迁，形成了民族大迁徙、大融合的复杂局面。这一时期的宫殿与佛教建筑广泛融合了中外各民族、各地域的设计特点，建筑创作活动极为活跃。士族标榜旷达风流，文人退隐山林，崇尚自然清闲的生活，促使园林建筑中的土山、钓台、曲沼、飞梁、重阁等叠石造景技术得到了提高，江南建筑开始步入设计舞台。随同佛教一并传入中国的印度、中亚地区的雕刻、绘画及装饰艺术对中国的建筑设计产生了显著而深远的影响，它使中国建筑的装饰设计形式更为丰富多样，广泛采用莲花、卷草纹和火焰纹等装饰纹样，促使魏晋南北朝时期的建筑从汉代的质朴醇厚逐渐转变为成熟圆浑。

这一时期的典型建筑如图1-5和图1-6所示。

图 1-5　甘肃敦煌莫高窟

图 1-6　山西悬空寺（北魏晚期）

4.隋唐、五代十国时期的建筑

隋唐时期是古代中国建筑设计史上的成熟期。隋唐时期结束分裂，完成统一，政治安定，经济繁荣，国力强盛，与外来文化交往频繁，建筑设计体系更趋完善，在城市建设、木架建筑、砖石建筑、建筑装饰和施工管理等方面都有巨大发展，建筑设计艺术取得了空前的成就。

在建筑制度设计方面，汉代儒家倡导的以周礼为本的一套以祭祀宗庙、天地、社稷、五岳等为目的营造有关建筑的制度，发展到隋唐时期已臻于完备，订立了专门的法规制度以控制建筑规模，建筑设计逐步定型并标准化，基本上为后世所遵循。

在建筑构件结构方面，隋唐时期木构件的标准化程度极高，斗拱等结构构件完善，木构架建筑设计体系成熟，并出现了专门负责设计和组织施工的专业建筑师，建筑规模空前巨大。现存的隋唐时期木构建筑的斗拱结构、柱式形象及梁枋加工等都充分展示了结构技术与艺术形象的完美统一。

在建筑形式及风格方面，隋唐时期的建筑设计非常强调整体的和谐，整体建筑群的设计手法更趋成熟，通过强调纵轴方向的陪衬手法，加强突出了主体建筑的空间组合，单体建筑造型浑厚质朴，细节设计柔和精美，内部空间组合变化适度，视觉感受雄浑大度。这种设计手法正是明清建筑布局形式的渊源。建筑类型以都城、宫殿、陵墓、佛教建筑和园林为主，城市设计完全规整化且分区合理。宫殿建筑组群极富组织性，风格舒展大度；佛教建筑格调积极欢愉；陵墓建筑依山营建，与自然和谐统一；园林建筑已出现皇家园林与私家园林的风格区分，皇家园林气势磅礴，私家园林幽远深邃，艺术意境极高。隋唐时期简洁明快的色调、舒展平远的屋顶、朴实无华的门窗无不给人以庄重大方的印象，这是宋、元、明、清建筑设计所没有的特色。

这一时期的典型建筑如图 1-7 和图 1-8 所示。

图 1-7 陕西乾县乾陵（唐朝）

图 1-8　南京的栖霞寺舍利塔（南唐时期）

5.宋、辽、金、西夏时期的建筑

宋朝是古代中国建筑设计史上的全盛期，辽承唐制，金随宋风，西夏别具一格，多种民族风格的建筑共存是这一时期的建筑设计特点。宋朝的建筑学、地学等都达到了很高的水平，如"虹桥"（飞桥）是无柱木梁拱桥（叠梁拱），达到了我国古代木桥结构设计的最高水平；建筑制度更为完善，礼制有了更加严格的规定，并著作了专门书籍以严格规定建筑等级、结构做法及规范要领；建筑风格逐渐转型，宋朝建筑虽不再有唐朝建筑的雄浑阳刚之气，却创造出了一种符合自己时代气质的阴柔之美；建筑形式更加多样，流行仿木构建筑形式的砖石塔和墓葬，设计了各种形式的殿阁楼台、寺塔和墓室建筑，宫殿规模虽然远小于隋唐，但序列组合更为丰富细腻，祭祀建筑布局严整细致，佛教建筑略显衰退，都城设计仍然规整方正，私家园林和皇家园林建筑设计活动更加活跃，并显示出细腻的倾向，官式建筑完全定型，结构简化而装饰性强；建筑技术及施工管理等取得了进步，出现了《木经》《营造法式》等关于建筑营造总结性的专门书籍；建筑细部与色彩装饰设计受宠，普遍采用彩绘、雕刻及琉璃砖瓦等装饰建筑，统治阶级追求豪华绚丽，宫殿建筑大量使用黄琉璃瓦和红宫墙，创造出一种金碧辉煌的艺术效果，市民阶层的兴起使普遍的审美趣味更趋近日常生活，这些建筑设计活动对后世产生了极为深远的影响。辽、金的建筑以汉唐以来逐步发展的中原木构体系为基础，广泛吸收其他民族的建筑设计手法，不断改进完善，逐步完成了上承唐朝、下启元朝的历史过渡。这一时期的典型建筑如图 1-9 和图 1-10 所示。

图 1-9 上海圆智教寺护珠宝光塔（宋朝）

图1-10　山西应县木塔（辽代）

6.元、明、清时期的建筑

元、明、清时期是古代中国建筑设计史上的顶峰，是中国传统建筑设计艺术的充实与总结阶段，中外建筑设计文化的交流融合得到了进一步加强，在建材装修、园林设计、建筑群体组合、空间氛围的设计上都取得了显著的成就。元、明、清时期的建筑呈现出规模宏大、形体简练、细节繁复的设计形象。元朝建筑以大都为中心，其材料、结构、布局、装饰形式等基本沿袭唐、宋以来的传统设计形制，部分地方继承辽、金的建筑特点，开创了明、清北京建筑的原始规模。因此，在建筑设计史上普遍将元、明、清作为一个时期进行探讨。这一时期的建筑趋向程式化和装饰化，建筑的地方特色和多种民族风格在这个时期得到了充分发展，建筑遗址留存至今，成为今天城市建筑的重要构成，对当代中国的城市生活和建筑设计活动产生了深远的影响。

元、明、清时期建筑设计的最大成就表现在园林设计领域，明朝的江南私家园林和清朝的北方皇家园林都是最具设计艺术性的古代建筑群。中国历代都建有大量宫殿，但只有明、清时期的宫殿——北京故宫、沈阳故宫得以保存至今，成为中华文化的无价之宝。现存的古城市和南、北方民居也基本建于这一时期。明、清北京城，明南京城是明、清城市最杰出的代表。北京的四合院和江浙一带的民居则是中国民居最成功的范例。坛庙和帝王陵墓都是古代重要的建筑，目前，北京依然较完整地保留了明、清两朝祭祀天地、社稷和帝王祖先的国家最高级别坛庙。其中，最杰出的代表是北京天坛。明朝帝陵在继承前朝形制的基础上自成一格，而清朝基本上继承了明朝制度，明十三陵是明、清帝陵中最具代表性的艺术作品。元、明、清时期的单体建筑形式逐渐精练化，设计符号性增强，不再采用生起、侧脚、卷杀，斗拱比例缩小，出檐深度减小，柱细长，梁枋沉重，屋顶的柔和线条消失，不同于唐、宋建筑的浪漫柔和，这一时期的建筑呈现出稳重严谨的设计风格。建筑组群采用院落重叠纵向扩展的设计形式，与左、右横向扩展配合，通过不同封闭空间的变化突出主体建筑。

这一时期的典型建筑如图 1-11 ～图 1-14 所示。

图 1-11　北京妙应寺白塔（元朝）

图1-12　北京明十三陵定陵（明朝）

图1-13　苏州留园（明、清时期）

图 1-14　北京紫禁城（清朝）

（二）中国近现代建筑

19 世纪末至 20 世纪初是近代中国建筑设计的转型时期，也是中国建筑设计发展史上一个承上启下、中西交汇、新旧接替的过渡时期，既有新城区、新建筑的急速转型，又有旧乡土建筑的矜持保守；既交织着中、西建筑设计文化的碰撞，也经历了近、现代建筑的历史承接，有着错综复杂的时空关联。半封建半殖民地的社会性质决定了清末民国时期对待外来文化采取包容与吸收的建筑设计态度，使部分建筑出现了中西合璧的设计形象，园林里也常有西洋门面、西洋栏杆、西式纹样等。这一时期成为我国建筑设计演进过程的一个重要阶段。其发展历程经历了产生、转型、鼎盛、停滞、恢复五个阶段，主要建筑风格有折中主义、古典主义、近代中国宫殿式、新民族形式、现代派及中国传统民族形式六种，从中可以看出晚清民国时期的建筑设计经历了由照搬照抄到西学中用的发展过程，其构件结构与风格形式既体现了近代以来西方建筑风格对中国的影响，又保持了中国民族传统的建筑特色。

中西方建筑设计技术、风格的融合，在南京的民国建筑中表现最为明显，它全面展现了中国传统建筑向现代建筑的演变，在中国建筑设计发展史上具有重要的意义。时至今日，南京的大部分民国建筑依然保存完好，构成了南京有别于其他城市的独特风貌，南京也因此被形象地称为"民国建筑的大本营"。另外，由外国输入的建筑及散布于城乡的教会建筑发展而来的居住建筑、公共建筑、工业建筑的主要类型已大体齐备，相关建筑工业体系也已初步建立。大量早期留洋学习建筑的中国学生回国后，带来了西方现代建筑思想，创办了中国最早的建筑事务所及建筑教育机构。刚刚登上设计舞台的中国建筑师，一方面探索着西方建筑与中国建筑固有形式的结合，并试图在中、西建筑文化的有效碰撞中寻找适宜的融合点；另一方面又面临着走向现代主义的时代挑战，这些都要求中国建筑师能够紧跟先进的建筑潮流。

1949 年中华人民共和国成立后，外国资本主义经济的在华势力消亡，逐渐形成了社会主义国有经济，大规模的国民经济建设推动了建筑业的蓬勃发展，我国建筑设计进入了新的历史时期。我国现代建筑在数量上、规模上、类型上、地区分布上、现代化水平上都突破了近代的局限，展示出崭新的姿态。时至今日，中国传统式与西方现代式两种设计思潮的碰撞与交融在中国建筑设计的发展进程中仍在继续，将民族风格和现代元素相结合的设计作品也越来越多，有复兴传统式的建筑，即保持传统与地方建筑的基本构筑形式，并加以简化处理，突出其文化特色与形式特征；有发展传统式的建筑，其设计手法更加讲究传统或地方的符号性和象征性，在结构形式上不一定遵循传统方式；也有扩展传统式的建筑，就是将传统形式从功能上扩展为现代用途，如我国建筑师吴良镛设计的北京菊儿胡同住宅群，就是结合了北京传统四合院的构造特征，并进行重叠、反复、延伸处理，使其功能和内容更符合现代生活的需要；还有重新诠释传统的建筑，它是指仅将传统符号或色彩作为标志以强调建筑的文脉，类似于后现代主义的某些设计手法。总而言之，我国的建筑设计曾经灿烂辉煌，或许在将来的某一天能够重新焕发光彩，成为世界建筑设计思潮的另一种选择。这一时期的典型建筑如图 1-15 ~ 图 1-17 所示。

图 1-15　南京中山陵（民国时期）

图 1-16　上海沙逊大厦

图 1-17　国家大剧院

二、外国建筑史

（一）外国古代建筑

图 1-18　古埃及胡夫金字塔

1.古埃及建筑

古埃及是世界上最古老的国家之一，古埃及的领土包括上埃及和下埃及两部分。上埃及位于尼罗河中游的峡谷，下埃及位于河口三角洲。大约在前3000年，古埃及成为统一的奴隶制帝国，形成了中央集权的皇帝专制制度，出现了强大的祭司阶层，也产生了人类第一批以宫殿、陵墓及庙宇为主体的巨大的纪念性建筑物。按照古埃及的历史分期，其代表性建筑可分为古王国时期、中王国时期及新王国时期建筑类型。

古王国时期的主要劳动力是氏族公社成员，庞大的金字塔就是他们建造的。这一时期的建筑物反映着原始的拜物教，纪念性建筑物是单纯而开阔的，如图1-18所示。

中王国时期，在山岩上开凿石窟陵墓的建筑形式开始盛行，陵墓建筑采用梁柱结构构成比较宽敞的内部空间，以建于前2000年前后的曼都赫特普三世陵墓（图1-19）为典型代表，开创了陵墓建筑群设计的新形制。

新王国时期是古埃及建筑发展的鼎盛时期，这时已不再建造巍然屹立的金字塔陵墓，而是将荒山作为天然金字塔，沿着山坡的侧面开凿地道，修建豪华的地下陵寝，其中以拉美西斯二世陵墓和图坦卡蒙陵墓最为奢华。与此同时，由于宗教专制统治极为森严，法老被视为阿蒙神（太阳神）的化身，太阳神庙取代陵墓而成为这一时期的主要建筑类型，建筑设计艺术的重点已从外部形象转到了内部空间，从外观雄伟而概括的纪念性转到了内部的神秘性与压抑感。神庙主要由围有柱廊的内庭院、接受臣民朝拜的大柱厅，以及只许法老和僧侣进入的神堂密室三部分组成。其中规模最大的是卡纳克和卢克索的阿蒙神庙（图1-20）。

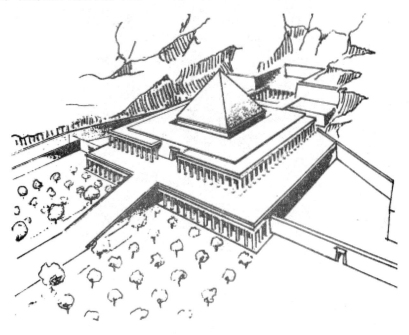

图1-19　曼都赫特普三世陵墓

图 1-20　古埃及阿蒙神庙法老雕像

2. 两河流域及波斯帝国建筑

两河流域地处亚非欧三大洲的衔接处，位于底格里斯河和幼发拉底河中下游，通常被称为西亚美索不达米亚平原（希腊语意为"两河之间的土地"，今伊拉克地区），是古代人类文明的重要发源地之一。前 3500 年—前 4 世纪，在这里曾经建立过许多国家，依次建立的奴隶制国家为古巴比伦王国（前 19—前 16 世纪）、亚述帝国（前 8—前 7 世纪）、新巴比伦王国（前 626--前 539 年）和波斯帝国（前 6—前 4 世纪）。

两河流域的建筑成就在于创造了将基本原料用于建筑的结构体系和装饰方法。两河流域气候炎热多雨，盛产黏土，缺乏木材和石材，故人们从夯土墙开始，发展出土坯砖、烧砖的筑墙技术，并以沥青、陶钉石板贴面及琉璃砖保护墙面，使材料、结构、构造与造型有机结合，创造了以土作为基本材料的结构体系和墙体饰面装饰办法，对后来的拜占庭建筑和伊斯兰建筑影响很大，如图 1-21 ~ 图 1-23 所示。

图1-21　乌尔的观象台

图1-22　古巴比伦空中花园示意

图 1-23　古代波斯帝国都城波斯波利斯遗址

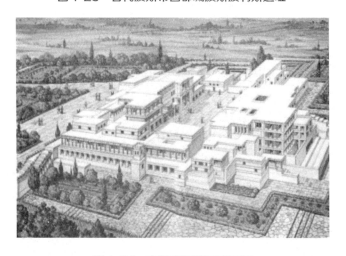

图 1-24　克诺索斯的米诺王宫

3. 爱琴文明时期的建筑

爱琴文明是前 20 世纪—前 12 世纪存在于地中海东部的爱琴海岛、希腊半岛及小亚细亚西部的欧洲史前文明的总称，也曾被称为迈锡尼文明。爱琴文明发祥于克里特岛，是古希腊文明的开端，也是西方文明的源头。其宫室建筑及绘画艺术十分发达，是世界古代文明的一个重要代表，如图 1-24 所示。

4. 古希腊建筑

古希腊建筑经历了三个主要发展时期：前 8 世纪—前 6 世纪，纪念性建筑形成的古风时期；前 5 世纪，纪念性建筑成熟、古希腊本土建筑繁荣昌盛的古典时期；前 4 世纪—前 1 世纪，古希腊文化广泛传播到西亚北非地区并与当地传统相融合的希腊化时期。

　　古希腊建筑除屋架外全部使用石材设计建造，柱子、额枋、檐部的设计手法基本确定了古希腊建筑的外貌，通过长期的推敲改进，古希腊人设计了一整套做法，定型了多立克、爱奥尼克、科林斯三种主要柱式，如图 1-25 所示。

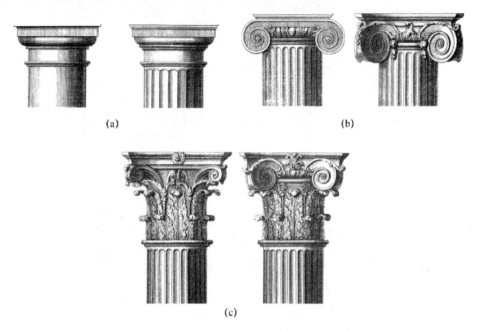

(a)　(b)

(c)

图 1-25　古希腊柱式示意

（a）古希腊多立克柱式；（b）古希腊爱奥尼克柱式；（c）古希腊科林斯柱式

　　古希腊建筑是人类建筑设计发展史上的伟大成就之一，给人类留下了不朽的艺术经典，如图 1-26 和图 1-27 所示。古希腊建筑通过自身的尺度感、体量感、材料质感、造型色彩及建筑自身所承载的绘画和雕刻艺术给人以巨大强烈的震撼，其梁柱结构、建筑构件特定的组合方式及艺术修饰手法等设计语汇极其深远地影响着后人的建筑设计风格，几乎贯穿于整个欧洲 2000 年的建筑设计活动，无论是文艺复兴时期、巴洛克时期、洛可可时期，还是集体主义时期，都可见到古希腊设计语汇的再现。因此，可以说古希腊是西方建筑设计的开拓者。

图1-26　雅典卫城远景

图1-27　古希腊帕特农神庙遗址

5.古罗马建筑

古罗马文明通常是指从前9世纪初在意大利半岛中部兴起的文明。古罗马文明在自身的传统上广泛吸收东方文明与古希腊文明的精华。在罗马帝国产生和发展起来的基督教，对整个人类，尤其是欧洲文化的发展产生了极为深远的影响。

古罗马建筑除使用砖、木、石外，还使用了强度高、施工方便、价格低的火山灰混凝土，以满足建筑拱券的需求，并发明了相应的支模、混凝土浇灌及大理石饰面技术。古罗马建筑为满足各种复杂的功能要求，设计了筒拱、交叉拱、十字拱、穹隆（半球形）及拱券平衡技术等一整套复杂的结构体系，如图1-28和图1-29所示。

图1-28　古罗马万神庙内部

图1-29　君士坦丁凯旋门

（二）欧洲中世纪的建筑

1. 拜占庭建筑

在建筑设计的发展阶段方面，拜占庭大量保留和继承了古希腊、古罗马及波斯、两河流域的建筑艺术成就，并且具有强烈的文化世俗性。拜占庭建筑为砖石结构，局部加以混凝土，从建筑元素来看，拜占庭建筑包括了古代西亚的砖石券顶、古希腊的古典柱式和古罗马建筑规模宏大的尺度，以及巴西利卡的建筑形式，并发展了古罗马的穹顶结构和集中式形制，设计了四个或更多独立柱支撑的穹顶、帆拱、鼓座相结合的结构方法和穹顶统率下的集中式建筑形制。其教堂的设计布局可分为三类：巴西利卡式（如圣索菲亚教堂）、集中式（平面为圆形或正多边形）（图1-30）及希腊十字式。

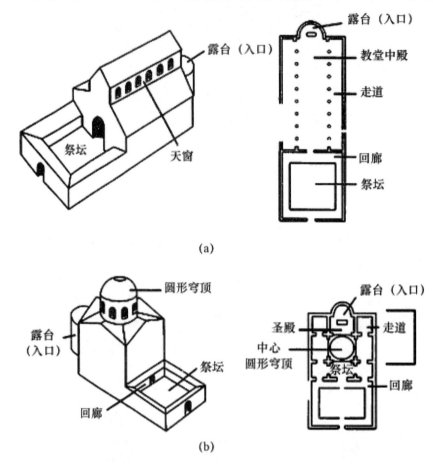

图1-30　巴西利卡与集中式教堂示意

（a）巴西利卡式教堂；（b）集中式教堂

2.罗马式建筑

公元9世纪，西欧正式进入封建社会，这时的建筑形式继承了古罗马的半圆形拱券结构，采用传统的十字拱及简化的古典柱式和细部装饰，以拱顶取代了早期基督教堂的木屋顶，创造了扶壁、肋骨拱与束柱结构。因其形式略有罗马风格，故称为罗马式建筑。意大利比萨大教堂建筑群就是其中代表，如图1-31和图1-32所示。

罗马式建筑最突出的特点是创造了一种新的结构体系，即将原来的梁柱结构体系、拱券结构体系变成了由束柱、肋骨拱、扶壁组成的框架结构体系。框架结构的实质是将承力结构和围护材料分开，承力结构组成一个有机的整体，使围护材料可做得很轻很薄。

图 1-31　意大利比萨大教堂外观

图 1-32　意大利比萨大教堂内部

图1-33 意大利米兰大教堂外观

3.哥特式建筑

哥特式建筑的特点是拥有高耸尖塔、尖形拱门、大窗户及绘有圣经故事的花窗玻璃；在设计中利用尖肋拱顶、飞扶壁、修长的束柱，营造出轻盈修长的飞天感；使用新的框架结构以增加支撑顶部的力量，使整个建筑拥有直升线条、雄伟的外观，并使教堂内空间开阔，再结合镶着彩色玻璃的长窗，使教堂内产生一种浓厚的宗教气氛，如图1-33所示。

（三）欧洲15—18世纪的建筑

1.意大利文艺复兴时期的建筑

文艺复兴运动源于14—15世纪，随着生产技术和自然科学的重大进步，以意大利为中心的思想文化领域发生了反封建、反宗教神学的运动。佛罗伦萨、热那亚、威尼斯三个城市成为意大利乃至整个欧洲文艺复兴的发源地和发展中心。15世纪，人文主义思想在意大利得到了蓬勃发展，人们开始狂热地学习古典文化，随之打破了封建教会的长期垄断局面，为新兴的资本主义制度开拓了道路。16世纪是意大利文艺复兴的高度繁荣时期，出现了达·芬奇、米开朗琪罗和拉斐尔等伟大的艺术家。历史上将文艺复兴的年代广泛界定为15—18世纪长达400余年的这段时期，文艺复兴运动真正奠定了"建筑师"这个名词的意义，这为当时的社会思潮融入建筑设计领域找到了一个切入点。如果说文艺复兴以前的建筑和文化的联系多处于一种半自然的自发行为，那么，文艺复兴以后的建筑设计和人文思想的紧密结合就肯定是一种非偶然的人为行为，这种对建筑的理解一直影响着后世的各种流派。意大利文艺复兴时期典型的建筑如图1-34～图1-36所示。

2.法国古典主义建筑

法国古典主义是指17世纪流行于西欧，特别是法国的一种文学思潮，因为它在文艺理论和创作实践上以古希腊、古罗马为典范，故被称为"古典主义"。16世纪，在意大利文艺复兴建筑的影响下形成了法国文艺复兴建筑。自此开始，法国建筑的设计风格由哥特式向文艺复兴式过渡。这一时期的建筑设计风格往往将文艺复兴建筑的细部装饰手法融合在哥特式的宫殿、府邸和市民住宅建筑设计中。17—18世纪上半叶，古典主义建筑设计思潮在欧洲占据统治地位，其广义上是指意大利文艺复兴建筑、巴洛克建筑和洛可可建筑等采用古典形式的建筑设计风格；狭义上则指运用纯正的古典柱式的建筑，即17世纪法国专制君权时期的建筑设计风格。法国古典主义典型的建筑如图1-37 ~ 图1-39所示。

图1-34　意大利佛罗伦萨大教堂圆形大穹顶外观

图 1-35　圣彼得大教堂

图 1-36　美狄奇 - 吕卡尔第府邸

图 1-37 法国巴黎罗浮宫的东立面

图 1-38 法国凡尔赛宫内部

图 1-39　西班牙教堂立面的洛可可装潢

3. 欧洲其他国家的建筑

16—18 世纪，意大利文艺复兴建筑风靡欧洲，遍及英国、德国、西班牙及北欧各国，并与当地的固有建筑设计风格逐渐融合，如图 1-40 ～ 图 1-44 所示。

图 1-40　尼德兰行会大厦

图 1-41 英国哈德威克府邸

图 1-42 德国海尔布隆市政厅

图1-43　西班牙圣地亚哥大教堂

图1-44　俄罗斯冬宫

（四）欧美资产阶级革命时期的建筑

18—19世纪的欧洲历史是工业文明化的历史，也是现代文明化的历史，或者叫作现代化的历史。18世纪，欧洲各国的君主集权制度大都处于全盛时期，逐渐开始与中国、印度和土耳其进行小规模的通商贸易，并持续在东南亚与大洋洲建立殖民地。在启蒙运动的感染下，欧洲基督教教会的传统思想体系受到挑战，新的文化思潮与科学成果逐渐渗入社会生活的各个层面，民主思潮在欧美各国迅速传播开来。19世纪，工业革命为欧美各国带来了经济技术与科学文化的飞速发展，直接推动了西欧和北美国家的现代工业化进程。这一时期建筑设计艺术的主要体现为：18 世纪流行的古典主义逐渐被新古典主义与浪漫主义取代，后又向折中主义发展，为后来欧美建筑设计的多元化发展奠定了基础。

1. 新古典主义

18 世纪 60 年代—19 世纪，新古典主义建筑设计风格在欧美一些国家普遍流行。新古典主义也称为古典复兴，是一个独立设计流派的名称，也是文艺复兴运动在建筑界的反映和延续。新古典主义一方面源于对巴洛克和洛可可的艺术反动，另一方面以重振古希腊和古罗马艺术为信念，在保留古典主义端庄、典雅的设计风格的基础上，运用多种新型材料和工艺对传统作品进行改良简化，以形成新型的古典复兴式设计风格（图 1-45）。

2. 浪漫主义

18 世纪下半叶—19 世纪末期，在文学艺术的浪漫主义思潮的影响下，欧美一些国家开始流行一种被称为浪漫主义的建筑设计风格。浪漫主义思潮在建筑设计上表现为强调个性，提倡自然主义，主张运用中世纪的设计风格对抗学院派的古典主义，追求超凡脱俗的趣味和异国情调（图 1-46）。

图 1-45　新古典主义风格的建筑设计

图 1-46　英国议会大厦

3. 折中主义

折中主义是 19 世纪上半叶兴起的一种创作思潮。折中主义任意选择与模仿历史上的各种风格,将它们组合成各种式样,又称为"集仿主义"。折中主义建筑并没有固定的风格,它结构复杂,但讲究比例权衡的推敲,常沉醉于对"纯形式"美的追求(图 1-47 和图 1-48)。

图 1-47 巴黎圣心教堂外观

图 1-48　巴黎圣心教堂内部

（五）欧美近现代建筑（20 世纪以来）

19 世纪末 20 世纪初，以西欧国家为首的欧美社会出现了一场以反传统为主要特征的、广泛突变的文化革新运动，这场狂热的革新浪潮席卷了文化与艺术的方方面面。其中，哲学、美术、雕塑和机器美学等方面的变迁对建筑设计的发展产生了深远的影响。20 世纪是欧美各国进行新建筑探索的时期，也是现代建筑设计的形成与发展时期，社会文化的剧烈变迁为建筑设计的全面革新创造了条件（图 1-49 ~ 图 1-52）。

图 1-49　莫里斯红屋

图 1-50　巴塞罗那米拉公寓

图1-51 德国通用电气公司的厂房建筑车间

图1-52 斯德哥尔摩市的图书馆外观

20世纪60年代以来，由于生产的急速发展和生活水平的提高，人们的意识日益受到机械化大批量与程式化生产的冲击，社会整体文化逐渐趋向于标榜个性与自我回归意识，一场所谓的"后现代主义"社会思潮在欧美社会文化与艺术领域产生并蔓延。美国建筑师文丘里认为"创新可能就意味着从旧的东西中挑挑拣拣""赞成二元论""容许违反前提的推理"，文丘里设计的建筑总会以一种和谐的方式与当地环境相得益彰（图1-53）。美国建筑师罗伯特·斯特恩则明确提出后现代主义建筑采用装饰、具有象征性与隐喻性、与现有整体环境融合的三个设计特征（图1-54、图1-55）。在后现代主义的建筑中，建筑师拼凑、混合、折中了各种不同形式和风格的设计元素，因此，出现了所谓的新理性派、新乡土派、高技派、粗野主义、解构主义、极少主义、生态主义和波普主义等众多设计风格。

图 1-53 宾夕法尼亚州文丘里住宅

图 1-54 欧洲迪斯尼纽波特海湾俱乐部外观

图 1-55 欧洲迪斯尼纽波特海湾俱乐部内部

第二节 建筑的构成要素

建筑的构成要素主要包括建筑功能、物质技术条件、建筑形象。

一、建筑功能

建筑功能是人们建造房屋的目的和使用要求的综合体现。它在建筑中起决定性的作用，对建筑平面布局组合、结构形式、建筑体型等方面都有极大的影响。人们建筑房屋不仅要满足生产、生活、居住等要求，也要适应社会的需求。各类房屋的建筑功能并不是一成不变的，随着科学技术的发展、经济的繁荣，以及物质和文化生活水平的提高，人们对建筑功能的要求也将日益提高。

二、物质技术条件

物质技术条件是实现建筑的手段，包括建筑材料、结构与构造、设备、施工技术等有关方面的内容。建筑水平的提高离不开物质技术条件的发展，而物质技术条件的发展又与社会生产力水平的提高、科学技术的进步有关。建筑技术的进步、建筑设备的完善、新材料的出现、新结构体系的不断产生，有效地促进了建筑朝着大空间、大高度、新结构形式的方向发展。

三、建筑形象

建筑形象是建筑内、外感观的具体体现，因此必须符合美学的一般规律。它包括建筑形体、空间、线条、色彩、材料质感、细部的处理及装修等方面。由于时代、民族、地域文化、风土人情的不同，人们对建筑形象的理解各不相同，因而出现了不同风格且具有不同使用要求的建筑，如庄严雄伟的执法机构建筑、古朴大方的学校建筑、简洁明快的居住建筑等。成功的建筑应当反映时代特征、民族特点、地方特色和文化色彩，应有一定的文化底蕴，并与周围的建筑和环境有机融合与协调。

建筑的构成三要素是密不可分的，建筑功能是建筑的目的，居于首要地位；物质技术条件是建筑的物质基础，是实现建筑功能的手段；建筑形象是建筑的结果。它们相互制约、相互依存，彼此之间是辩证统一的关系。

第三节　建筑物的分类

人们兴建的供人们生活、学习、工作及从事生产和各种文化活动的房屋或场所称为建筑物，如水池、水塔、支架、烟囱等。间接为人们生产生活提供服务的设施则称为构筑物。

建筑物可从多方面进行分类，常见的分类方法有以下几种。

一、按照使用性质分类

建筑物的使用性质又称为功能要求，建筑物按功能要求可分为民用建筑、工业建筑、农业建筑三类。

（一）民用建筑

民用建筑是指供人们工作、学习、生活等的建筑，一般分为以下两种。

1.居住建筑，如住宅、学校宿舍、别墅、公寓、招待所等。

2.公共建筑，如办公、行政、文教、商业、医疗、邮电、展览、交通、广播、园林、纪念性建筑等。有些大型公共建筑内部功能比较复杂，可能同时具备上述两个或两个以上的功能，一般把这类建筑称为综合性建筑。

（二）工业建筑

工业建筑是指各类生产用房和生产服务的附属用房，又分为以下三种。

1. 单层工业厂房，主要用于重工业类的生产企业。

2. 多层工业厂房，主要用于轻工业类的生产企业。

3. 层次混合的工业厂房，主要用于化工类的生产企业。

（三）农业建筑

农业建筑是指供人们进行农牧业种植、养殖、贮存等的建筑，如温室、禽舍、仓库农副产品加工厂、种子库等。

二、按照层数或高度分类

建筑物按照层数或高度，可以分为单层、多层、高层、超高层。对后三者，各国划分的标准不同。

我国《民用建筑设计统一标准》（GB50352-2019）的规定，高度不大于27m的住宅建筑、建筑高度不大于24m的公共建筑及建筑高度大于24m的单层公共建筑为低层或多层民用建筑；建筑高度大于27m的住宅建筑和建筑高度大于24m的非单层公共建筑，且高度不大于100m的，为高层民用建筑；建筑高度大于100m的为超高层建筑。

三、按照建筑结构形式分类

建筑物按照建筑结构形式，可以分成墙承重、骨架承重、内骨架承重、空间结构承重四类。随着建筑结构理论的发展和新材料、新机械的不断涌现，建筑结构形式也在不断地推陈出新。

1. 墙承重。由墙体承受建筑的全部荷载，墙体担负着承重、围护和分隔的多重任务。这种承重体系适用于内部空间、建筑高度均较小的建筑。

2. 骨架承重。由钢筋混凝土或型钢组成的梁柱体系承受建筑的全部荷载，墙体只起到围护和分隔的作用。这种承重体系适用于跨度大、荷载大的高层建筑。

3. 内骨架承重。建筑内部由梁柱体系承重，四周用外墙承重。这种承重体系适用于局部设有较大空间的建筑。

4. 空间结构承重。由钢筋混凝土或钢组成空间结构承受建筑的全部荷载，如网架结构、悬索结构、壳体结构等。这种承重体系适用于大空间建筑。

四、按照承重结构的材料类型分类

从广义上说，结构是指建筑物及其相关组成部分的实体；从狭义上说，结构是指各个工程实体的承重骨架。应用在工程中的结构称为工程结构，如桥梁、堤坝、房屋结构等；局限于房屋建筑中采用的工程结构称为建筑结构。按照承重结构的材料类型，建筑物结构分为金属结构、混凝土结构、钢筋混凝土结构、木结构、砌体结构和组合结构等。

五、按照施工方法分类

建筑物按照施工方法，可分为现浇整体式、预制装配式、装配整体式等。

1. 现浇整体式。指主要承重构件均在施工现场浇筑而成。其优点是整体性好、抗震性能好；其缺点是现场施工的工作量大，需要大量的模板。

2. 预制装配式。指主要承重构件均在预制厂制作，在现场通过焊接拼装成整体。其优点是施工速度快、效率高；其缺点是整体性差、抗震能力弱，不宜在地震区采用。

3. 装配整体式。指一部分构件在现场浇筑而成（大多为竖向构件），另一部分构件在预制厂制作（大多为水平构件）。其特点是现场工作量比现浇整体式少，与预制装配式相比，可省去接头连接件，因此，兼有现浇整体式和预制装配式的优点，但节点区现场浇筑混凝土施工复杂。

六、按照建筑规模和建造数量的差异分类

民用建筑还可以按照建筑规模和建造数量的差异进行分类。

1. 大型性建筑。主要包括建造数量少、单体面积大、个性强的建筑，如机场候机楼、大型商场、旅馆等。

2. 大量性建筑。主要包括建造数量多、相似性高的建筑，如住宅、宿舍、中小学教学楼、加油站等。

第四节　建筑的等级

建筑的等级包括设计使用等级、耐火等级、工程等级三个方面。

一、建筑的设计使用等级

建筑物的设计使用年限主要根据建筑物的重要性和建筑物的质量标准确定，它是建筑投资、建筑设计和结构构件选材的重要依据。《民用建筑设计统一标准》（GB50352-2019）对建筑物的设计使用年限做了规定。民用建筑共分为四类：一类建筑的设计使用年限为 5 年，适用于临时性建筑；二类建筑的设计使用年限为 25 年，适用于易于替换结构构件的建筑；三类建筑的设计使用年限为 50 年，适用于普通建筑和构筑物；四类建筑的设计使用年限为 100 年，适用于纪念性建筑和特别重要的建筑。

二、建筑的耐火等级

建筑的耐火等级取决于建筑主要构件的耐火极限和燃烧性能。耐火极限是指对任一建筑构件按时间 - 温度标准曲线进行耐火试验，构件从受到火的作用时起，到失去支持能力或完整性破坏或失去隔火作用时止的这段时间，以 h 为单位。《建筑设计防火规范（2018 年版）》（GB 50016-2014）规定民用建筑的耐火等级分为一级、二级、三级、四级。

三、建筑的工程等级

建筑按照其重要性、规模、使用要求的不同，可以分为特级、一级、二级、三级、四级、五级共六个级别。

第五节　建筑模数

一、建筑模数的定义

建筑模数是指选定的标准尺寸单位，作为尺度协调中的增值单位，也是建筑设计、建筑施工、建筑材料与制品、建筑设备、建筑组合件等各部门进行尺度协调的基础，其目的是使构配件安装吻合，并有互换性，包括基本模数和导出模数两种。

（一）基本模数

基本模数是模数协调中选用的基本单位，其数值为100mm，符号为M，即1M=100mm。整个建筑物及其一部分或建筑组合构件的模数化尺寸应为基本模数的倍数。

（二）导出模数

导出模数是在基本模数的基础上发展出来的、相互之间存在某种内在联系的模数，包括扩大模数和分模数两种。

1.扩大模数。扩大模数是基本模数的整数倍数。水平扩大模数基数为3M、6M、12M、15M、30M、60M，其相应的尺寸分别是300mm、600mm、1200mm、1500mm、3000mm、6000mm。竖向扩大模数基数为3M、6M，其相应的尺寸分别是300mm、600mm。

2.分模数。分模数是用整数去除基本模数的数值。分模数基数为M/10、M/5、M/2，其相应的尺寸分别是10mm、20mm、50mm。

二、模数数列

模数数列是以选定的模数基数为基础而展开的模数系统。它可以保证不同建筑及其组成部分之间尺度的统一协调，有效地减少建筑尺寸的种类，并确保尺寸合理并有一定的灵活性。建筑物的所有尺寸除特殊情况外，均应满足模数数列的要求。模数数列幅度有以下规定：

1.水平基本模数的数列幅度为1～20M。

2.竖向基本模数的数列幅度为1～36M。

3.水平扩大模数数列的幅度：3M数列为3～75M；6M数列为6～96M；12M

数列为 12 ～ 120M；15M 数列为 15 ～ 120M；30M 数列为 30 ～ 360M；60M 数列为 60 ～ 360M，必要时幅度不限。

4.竖向扩大模数数列的幅度不受限制。

5.分模数数列的幅度：M/10 数列为 1/10 ～ 2M；M/5 数列为 1/5 ～ 4M；M/2 数列为 1/2 ～ 10M。

三、模数的适用范围

1.基本模数主要用于门窗洞口、建筑物的层高、构配件断面尺寸。

2.扩大模数主要用于建筑物的开间、进深、柱距、跨度、高度、层高、构件标志尺寸和门窗洞口尺寸。

3.分模数主要用于缝宽、构造节点、构配件断面尺寸。

四、构件的三种尺寸

（一）标志尺寸

标志尺寸符合模数数列的规定，用于标注建筑物的定位轴线，或定位面之间的尺寸，常在设计中使用，故又称为设计尺寸。定位线之间的垂直距离（如开间、柱距、进深、跨度、层高等）及建筑构配件、建筑组合件、建筑制品有关设备界限之间的尺寸统称标志尺寸，如图 1-56 所示。

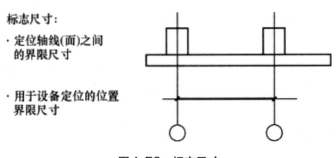

图 1-56　标志尺寸

（二）构造尺寸

构造尺寸是指建筑构配件、建筑组合件、建筑制品等之间组合时所需的尺寸。一般情况下，构造尺寸为标志尺寸扣除构件实际尺寸，如图 1-57 所示。

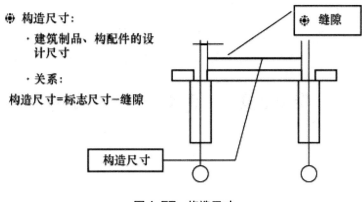

⊕ 构造尺寸:

　·建筑制品、构配件的设
　　计尺寸

　·关系:

构造尺寸=标志尺寸-缝隙

⊕ 缝隙

构造尺寸

图1-57　构造尺寸

（三）实际尺寸

　　实际尺寸是指建筑物构配件、建筑组合件、建筑制品等生产出来后的实有尺寸。实际尺寸与构造尺寸之间的差数应符合建筑公差的规定。

第二章　建筑装饰工程

第一节　抹灰工程

一、抹灰工程的分类和组成

（一）抹灰工程分类

抹灰工程按使用的材料及其装饰效果，可分为一般抹灰和装饰抹灰。

1. 一般抹灰。一般抹灰是指采用石灰砂浆、水泥混合砂浆、水泥砂浆、聚合物水泥砂浆、麻刀灰、纸筋石灰和石膏灰等抹灰材料进行的抹灰工程施工。按建筑物标准和质量要求，一般抹灰可分为以下两类。

（1）高级抹灰。高级抹灰由一层底层、数层中层和一层面层组成。抹灰要求阴阳角找方，设置标筋，分层赶平、修整。表面压光，要求表面光滑、洁净，颜色均匀，线角平直，清晰美观，无抹纹。高级抹灰用于大型公共建筑物、纪念性建筑物和有特殊要求的高级建筑物等。

（2）普通抹灰。普通抹灰由一层底层、一层中层和一层面层（或一层底层和一层面层）组成。抹灰要求阳角找方，设置标筋，分层赶平、修整。表面压光，要求表面洁净，线角顺直、清晰，接槎平整。普通抹灰用于一般居住、公用和工业建筑以及建筑物中的附属用房，如汽车库、仓库、锅炉房、地下室、储藏室等。

2. 装饰抹灰。装饰抹灰是指通过操作工艺及选用材料等方面的改进，使抹灰更富于装饰效果，其主要有水刷石、斩假石、干粘石和假面砖等。

（二）抹灰层组成

为了使抹灰层与基层黏结牢固，防止起鼓开裂，并使抹灰层的表面平整，保证工程质量，抹灰层应分层涂抹。抹灰层的组成如图 2-1 所示。

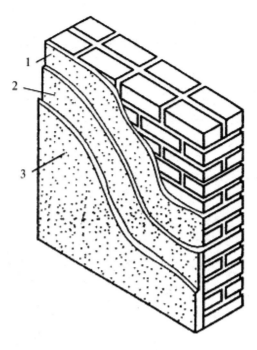

图2-1　抹灰层的组成

1—底层；2—中层；3—面层。

1. 底层。底层主要起与基层黏结的作用，厚度一般为 5 ~ 9mm。

2. 中层。中层起找平作用，砂浆的种类基本与底层相同，只是稠度较小，每层厚度应控制在 5 ~ 9mm。

3. 面层。面层主要起装饰作用，要求面层表面平整、无裂痕、颜色均匀。

（三）抹灰层的总厚度

抹灰层的平均总厚度要根据具体部位及基层材料而定。钢筋混凝土顶棚抹灰厚度不大于 15mm；内墙普通抹灰厚度不大于 20 mm，高级抹灰厚度不大于 25 mm；外墙抹灰厚度不大于 20mm；勒脚及凸出墙面部分不大于 25mm。

二、一般抹灰施工

（一）基层处理

抹灰前应对基层进行必要的处理，对于凹凸不平的部位应剔平补齐，填平孔洞沟槽；对表面太光的部位要凿毛，或用 1：1 水泥浆掺 10% 环保胶薄抹一层，使之易于挂灰。不同材料交接处应铺设金属网，搭缝宽度从缝边起每边不得小于 100mm，如图 2-2 所示。

（二）施工方法

一般抹灰的施工，按部位可分为墙面抹灰、顶棚抹灰和楼地面抹灰。

1.墙面抹灰

（1）找规矩，弹准线。对普通抹灰，先用托线板全面检查墙面的垂直。

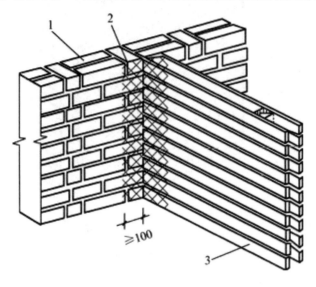

图 2-2　不同材料交接处铺设金属网

1—砖墙；2—金属网；3—板条墙。

平整程度，根据检查的实际情况及抹灰等级和抹灰总厚度，决定墙面的抹灰厚度（最薄处一般不小于 7mm）。对高级抹灰，先将房间规方，小房间可以一面墙做基线，用方尺规方即可；如果房间面积较大，要在地面上先弹出十字线，作为墙角抹灰的准线，在距离墙角约为 10mm 处，用线坠吊直，在墙面弹一立线，再按房间规方地线（十字线）及墙面平整程度，向里反弹出墙角抹灰准线，并在准线上下两端挂通线，作为抹灰饼、冲筋的依据。

（2）贴灰饼。首先，用与抹底层灰相同的砂浆做墙体上部的两个灰饼，其位置距离顶棚约为 200mm，灰饼大小一般为 50mm 见方，厚度由墙面平整垂直的情况而定。然后，根据这两个灰饼用托线板或线坠挂垂直，做墙面下角两个标准灰饼（高低位置一般在踢脚线上方 200 ～ 250mm 处），厚度以垂直为准，再在灰饼附近墙缝内钉上钉子，拴上小线挂好通线，并根据通线位置加设中间灰饼，间距为 1.2 ～ 1.5m，如图 2-3 所示。

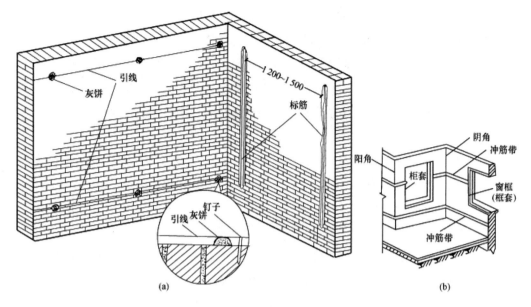

图 2-3　挂线做标准灰饼及冲筋

（a）灰饼、标筋位置示意；（b）水平横向标筋示意

（3）设置标筋（冲筋）。待灰饼砂浆基本进入终凝后，用抹底层灰的砂浆在上、下两个灰饼之间抹一条宽约为 100mm 的灰梗，用刮尺刮平，厚度与灰饼一致，用来作为墙面抹灰的标准，这就是冲筋，如图 2-3 所示。同时，还应将标筋两边用刮尺修成斜面，使其与抹灰层接槎平顺。

（4）阴阳角找方。普通抹灰要求阳角找方，对于除门窗外还有阳角的房间，则应首先将房间大致规方，其方法是：先在阳角一侧做基线，用方尺将阳角先规方，然后在墙角弹出抹灰准线，并在准线上、下两端挂通线做灰饼。高级抹灰要求阴阳角都要找方，因此阴阳角两边都要弹出基线。为了便于做角和保证阴阳角方正，必须在阴阳角两边做灰饼和标筋。

（5）做护角。室内墙面、柱面的阳角和门窗洞的阳角，当设计对护角线无规定时，一般可用 1 ∶ 2 水泥砂浆抹出护角，护角高度不应低于 2m，每侧宽度不小于 50mm。其做法是：根据灰饼厚度抹灰，然后粘好八字靠尺，并找方吊直，用 1 ∶ 2 水泥砂浆分层抹平。待砂浆稍干后，再用量角器和水泥浆抹出小圆角。

（6）抹底层灰。当标筋稍干后，用刮尺操作不致损坏时，即可抹底层灰。抹底层灰前，应先对基体表面进行处理。其做法是：应自上而下地在标筋间抹满底灰，随抹随用刮尺对齐标筋刮平。刮尺操作用力要均匀，不准将标筋刮坏或使抹灰层出现不平的现象。待刮尺基本刮平后，再用木抹子修补、压实、搓平、搓毛。

（7）抹中层灰。待底层灰凝结，达七八成干后（用手指按压不软，但有指印和潮湿感），就可以抹中层灰，依冲筋厚以抹满砂浆为准，随抹随用刮尺刮平压实，再用木抹子搓平。中层灰抹完后，对墙的阴角用阴角抹子上下抽动抹平。中层砂浆凝固前，也可以在层面上交叉画出斜痕，以增强与面层的黏结。

（8）抹面层灰（也称罩面）。中层灰干至七八成后，即可抹面层灰。如果中层灰已经干透发白，应先适度洒水湿润后，再抹罩面灰。用于罩面的常有麻刀灰、纸筋灰。抹灰时，应用铁抹子抹平，并分两遍压光，使面层灰平整、光滑、厚度一致。

2. 顶棚抹灰

（1）找规矩。顶棚抹灰通常不做灰饼和标筋，而用目测的方法控制其平整度，以无明显高低不平及接槎痕迹为准。先根据顶棚的水平面，确定抹灰厚度，然后在墙面的四周与顶棚交接处弹出水平线，作为抹灰的水平标准。弹出的水平线只能从结构中的"50线"向上量测，不允许直接从顶棚向下量测。

（2）底层、中层抹灰。顶棚抹灰时，由于砂浆自重力的影响，一般在底层抹灰施工前，先以水胶比为 0.4 的素水泥浆刷一遍作为结合层，该结合层所采用的方法宜为甩浆法，即用扫帚蘸上水泥浆，甩于顶棚。如顶棚非常平整，甩浆前可对其进行凿毛处理。待其结合层凝结后就可以抹底层、中层砂浆，其配合比一般采用水泥：石灰膏：砂＝1：3：9 的水泥混合砂浆或 1：3 水泥砂浆，然后用刮尺刮平，随刮随用长毛刷子蘸水刷一遍。

（3）面层抹灰。待中层灰达到六七成干后，即用手按不软但有指印时，再开始面层抹灰。面层抹灰的施工方法及抹灰厚度与内墙抹灰相同。一般分两遍成活：第一遍抹得越薄越好，紧接着抹第二遍，抹子要稍平，抹平后待灰浆稍干，再用铁抹子顺着抹纹压实、压光。

3. 楼地面抹灰

楼地面抹灰主要为水泥砂浆面层，常用配合比为 1：2，面层厚度不应小于 20mm，强度等级不应小于 M15。厨房、浴室、厕所等房间的地面，必须将流水坡度找好，有地漏的房间，要在地漏四周找出不小于 5% 的泛水，以利于流水畅通。

面层施工前，先将基层清理干净，浇水湿润，刷一道水胶比为 0.4 ~ 0.5 的结合层，随即进行面层的铺抹，随抹随用木抹子拍实，并做好面层的抹平和压光工作。压光一般分三遍成活：第一遍宜轻压，以压光后表面不出现水纹为宜；第二遍压光在砂浆开始凝结、人踩上去有脚印但不下陷时进行，并要求用钢皮抹子将表面的气泡和孔隙清除，把凹坑、砂眼和脚印都压平；第三遍压光在砂浆终凝前进行，此时人踩上去有细微脚印，抹子抹上去不再有抹子纹，并要求用力稍大，把第二遍压光留下的抹子纹、毛细孔等压平、压实、压光。

地面面积较大时，可以按设计要求进行分格。水泥砂浆面层如果遇管线等出现局部面层厚度减薄处在 10mm 以下时，必须采取防止开裂措施，一般沿管线走向放置钢筋网片，或者符合设计要求后方可铺设面层。

踢脚板底层砂浆和面层砂浆分两次抹成，可以参照墙面抹灰工艺操作。

水泥砂浆面层按要求抹压后，应进行养护，养护时间不少于7d。还应该注意对成品的保护，水泥砂浆面层强度未达到5 MPa以前，不得在其上行走或进行其他作业。对地漏、出水口等部位要做好保护措施，以免灌入杂物，造成堵塞。

三、装饰抹灰施工

（一）水刷石

水刷石主要用于室外的装饰抹灰，具有外观稳重、立体感强、无新旧之分、能使墙面达到天然美观的艺术效果的优点。

底层和中层抹灰操作要点与一般抹灰相同，抹好的中层表面要划毛。中层砂浆抹好后，弹线分格，粘分格条。当中层砂浆达到六成干时（终凝之后），先浇水湿润，紧接着薄刮水胶比为0.4～0.7的水泥浆一遍作为结合层，随即抹水泥石粒浆或水泥石灰膏石粒浆。抹水泥石粒浆时，应边抹边用铁抹子压实、压平，待稍收水后再用铁抹子整面，将露出的石粒尖棱轻轻拍平使表面平整密实。待面层凝固尚未硬化（用手指按上无压痕）时，即用刷子蘸清水自上而下刷掉面层水泥浆，使石粒露出灰浆面1～2mm高度。最后用喷水壶由上往下将表面水泥浆洗掉，使外观石粒清晰，分布均匀，紧密平整，色泽一致，不得有掉粒和接槎痕迹。

水刷石完成第二天起要经常洒水养护，养护时间不应少于7d。

（二）干粘石

干粘石是将干石粒直接粘在砂浆层上的一种装饰抹灰做法。其装饰效果与水刷石相似，但湿作业量少，既可节约原材料，又能明显提高工效。其具体做法是：在中层水泥砂浆上洒水湿润，粘贴分格条后刷一道水胶比为0.4～0.5的水泥浆结合层，在其上抹一层4～5cm厚的聚合物水泥砂浆黏结层 [水泥：石灰膏：砂：108胶＝100：50：200：（5～15）]，随即将小八厘彩色石粒甩上黏结层，先甩四周易干部位，然后甩中间。要由上而下快速进行，做到大面均匀，边角和分格条两侧不露粘。石粒使用前应用水冲洗干净晾干，甩时要用托盘盛装和盛接，托盘底部用窗纱钉成，以便筛净石粒中的残留粉末，黏结上的石粒随即要用铁抹子将石粒拍入黏结层1/2深度，要求拍实、拍平，但不得将石浆拍出而影响美观。在干粘石墙面达到表面平整、石粒饱满后，即可将分格条取出，并用小溜子和水泥浆将分格条修补好，达到顺直清晰。待成品达到一定强度后须洒水养护。

（三）斩假石

斩假石又称剁斧石，是仿制天然石料的一种建筑饰面，但由于其造价高、工效低，一般用于小面积的外装饰工程。

施工时底层与中层表面应划毛，涂抹面层砂浆前，要认真浇水湿润中层抹灰，并满刮水胶比为 0.37 ~ 0.40 的纯水泥浆一道，按设计要求弹线分格，粘贴分格条。罩面时一般分两次进行：先薄抹一层砂浆，稍收水后再抹一遍砂浆，用刮尺与分格条赶平，待收水后再用木抹子打磨压实。面层抹灰完成后，不得受烈日暴晒或遭冰冻，应在常温下养护 2 ~ 3d，其强度应控制在 5MPa。然后开始试斩，以石子不脱落为准。斩剁前，应先弹顺线，相距约为 100mm，按线操作，以免剁纹跑斜。斩剁时应由上而下进行，先仔细剁好四周边缘和棱角，再斩中间墙面。在墙角、柱子等处，宜横向剁出边条或留有 15 ~ 20mm 宽的窄小条不剁。

斩假石装饰抹灰要求剁纹均匀顺直、深浅一致、质感典雅。阳角处横剁和留出不剁的边条，应宽窄一致，棱角不得有损坏。

第二节　饰面工程

饰面工程是在墙、柱表面镶贴或安装具有保护和装饰功能的块料而形成的饰面层。块料的种类可分为饰面板和饰面砖两大类。

一、饰面板安装

饰面板工程是将天然石材、人造石材、金属饰面板等安装到基层上，以形成装饰面的一种施工方法。建筑装饰用的天然石材主要有大理石和花岗石两大类，人造石材一般有人造大理石（花岗石）和预制水磨石饰面板。金属饰面板主要有铝合金板、塑铝板、彩色涂层钢板、彩色不锈钢板、镜面不锈钢面板等。

（一）大理石、花岗石、预制水磨石饰面板施工

大理石、花岗石、预制水磨石板等安装工艺基本相同，以大理石为例，其安装工艺流程：材料准备与验收→基层处理→板材钻孔→饰面板固定→灌浆→清理→嵌缝→打蜡。

1. 材料准备与验收

大理石拆除包装后，应按照设计要求挑选规格、品种、颜色一致，无裂纹、无缺边、掉角及局部污染变色的块料，分别堆放。按设计尺寸要求在平地上进行试拼，校

正尺寸，使宽度符合要求，缝隙平直均匀，并调整颜色、花纹，力求色调一致，上下左右纹理通顺，不得有花纹横、竖突变现象。试拼后分部位逐块按安装顺序予以编号，以便安装时对号入座。对轻微破裂的石材，可用环氧树脂胶粘剂黏结；对表面有洼坑、麻点或缺棱、掉角的石材，可用环氧树脂腻子进行修补。

2. 基层处理

安装前检查基层的实际偏差，墙面还应检查垂直度、平整度情况，偏差较大者应剔凿、修补。对表面光滑的基层进行凿毛处理，然后将基层表面清理干净，并浇水湿润，抹水泥砂浆找平层。待找平层干燥后，在基层上分块弹出水平线和垂直线，并在地面上顺墙（柱）弹出大理石外廊尺寸线，在外廊尺寸线上再弹出每块大理石板的就位线，板缝应符合相关规定。

3. 饰面板湿挂法铺贴工艺

湿挂法铺贴工艺适用于板材厚为 20 ～ 30mm 的大理石、花岗石或预制水磨石板，墙体为砖墙或混凝土墙。

湿挂法铺贴工艺是传统的铺贴方法，即在竖向基体上预挂钢筋网，用铜丝或镀锌钢丝绑扎板材并灌水泥砂浆粘牢。这种方法的优点是牢固可靠，其缺点是工序烦琐、卡箍多样、板材上钻孔易损坏，特别是灌注砂浆时易污染板面和使板材移位。

采用湿挂法铺贴工艺，墙体应设置锚固体。砖墙体应在灰缝中预埋 φ6 钢筋钩，钢筋钩中距为 500mm 或按板材尺寸，当挂贴高度大于 3m 时，钢筋钩改用 φ10 钢筋，钢筋钩埋入墙体内深度应不小于 120mm，伸出墙面 30mm；混凝土墙体可射入 φ3.7×62 的射钉，中距也为 500mm 或按板材尺寸，射钉打入墙体内 30mm，伸出墙面 32mm。

挂贴饰面板之前，将 φ6 钢筋网焊接或绑扎于锚固件上。钢筋网双向中距为 500mm 或按板材尺寸。在饰面板上、下边各钻不少于两个 φ5 的孔，孔深为 15mm，清理饰面板的背面。用双股 18 号铜丝穿过钻孔，把饰面板绑牢于钢筋网上。饰面板的背面距墙面应不小于 50mm。饰面板的接缝宽度可垫木楔调整，应确保饰面板外表面平整、垂直及板的上沿平顺。

每安装好一行横向饰面板后，即进行灌浆。灌浆前，应浇水将饰面板背面及墙体表面湿润，在饰面板的竖向接缝内填塞 15 ～ 20mm 深的麻丝或泡沫塑料条以防漏浆（光面、镜面和水磨石饰面板的竖缝，可用石膏灰临时封闭，并在缝内填塞泡沫塑料条）。

拌和好 1：2.5 的水泥砂浆，将砂浆分层灌注到饰面板背面与墙面之间的空隙内，每层灌注高度为 150 ～ 200mm，且不得大于板高的 1/3，并插捣密实。待砂浆初凝后，应检查板面位置，如有移动错位应拆除重新安装；若无移位，方可安装上一行板。施工缝应留在饰面板水平接缝以下 50～100mm 处。凸出墙面的勒脚饰面板安装，应待墙面饰面板安装完工后进行。待水泥砂浆硬化后，将填缝材料清除。饰面板表面清洗干净。光面和镜面的饰面经清洗晾干后，方可打蜡擦亮。

4. 饰面板干挂法铺贴工艺

干挂工艺是利用高强度螺栓和耐腐蚀、强度高的柔性连接件，将石材挂在建筑结构的外表面，石材与结构之间留出 40～50mm 的空隙。此工艺多用于 30m 以下的钢筋混凝土结构，不适用于砖墙或加气混凝土墙，如图 2-4 所示。其施工工艺如下：

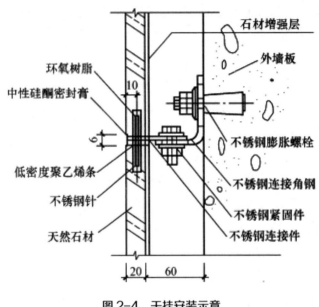

图 2-4　干挂安装示意

（1）石材准备。根据设计图纸要求在现场进行板材切割并磨边，要求板块边角挺直、光滑。然后在石材侧面钻孔，用于穿插不锈钢销钉连接固定相邻板块。在板材背面涂刷防水材料，以增强其防水性能。

（2）基体处理。清理结构表面，弹出安装石材的水平和垂直控制线。

（3）固定锚固体。在结构上定位钻孔，埋置膨胀螺栓；支底层饰面板托架，安装连接件。

（4）安装固定石材。先安装底层石板，将连接件上的不锈钢针插入板材的预留接孔中，调整面板，当确定位置准确无误后，即可紧固螺栓，然后用环氧树脂或密封膏堵塞连接孔。底层石板安装完毕后，经过检查合格可依次循环安装上层面板，每层应注意上口水平、板面垂直。

（5）嵌缝。嵌缝前，先在缝隙内嵌入泡沫塑料条，然后用胶枪注入密封胶。为防止污染板面，注胶前应沿面板边缘粘贴胶纸带覆盖缝两边板面，注胶后将胶带揭去。

（二）金属饰面板安装

1. 彩色涂层钢板饰面安装

（1）施工顺序。彩色涂层钢板安装施工顺序：预埋连接件→立墙筋→安装墙板→板缝处理。

（2）施工要点。

①安装墙板要按照设计节点详图进行，安装前要检查墙筋位置，计算板材及缝隙宽度，进行排板、画线定位。

②要特别注意异形板的使用。在窗口和墙转角处使用异形板可以简化施工，增加防水效果。

③墙板与墙筋用铁钉、螺钉及木卡条连接。安装板的原则是按节点连接做法，沿一个方向顺序安装，方向相反则不易施工。如墙筋或墙板过长，可用切割机切割。

④板缝处理。尽管彩色涂层钢板在加工时其形状已考虑了防水性能，但若遇到材料弯曲、接缝处高低不平，其形状的防水功能可能会失去作用，在边角部位这种情况尤为明显，因此，对一些板缝填放防水材料也是必要的。

2. 铝合金板饰面安装

铝合金板饰面安装施工要点如图 2-5 所示。

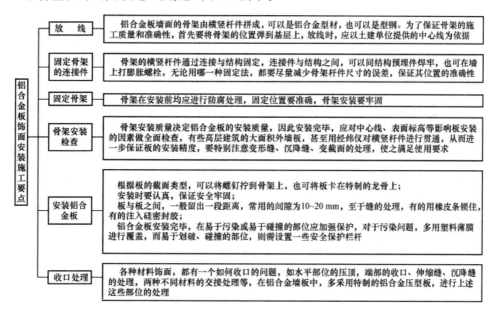

图 2-5　铝合金板饰面安装施工要点

二、饰面砖安装

（一）内墙釉面砖安装施工

1.镶贴前找规矩

用水平尺找平，校核方正。计算好纵横皮数和镶贴块数，画出皮数杆，定出水平标准，进行排序，特别是阳角必须垂直。

2.连接处理

（1）在有脸盆镜箱的墙面，应按脸盆下水管部位分中，往两边排砖。肥皂盒、电器开关插座等，可按预定尺寸和砖数排砖，尽量保证外表美观。

（2）根据已弹好的水平线，稳好水平尺板，作为镶贴第一层瓷砖的依据，一般由下往上逐层镶贴。为了保证间隙均匀美观，每块砖的方正可采用塑料十字架，镶贴后在半干时再取出十字架，进行嵌缝。

（3）一般采用掺108胶素水泥砂浆做黏结层，当温度在15℃以上时（不可使用防冻剂），可随调随用。将水泥砂浆满铺在瓷砖背面，中间鼓四角低，逐块进行镶贴，随时用塑料十字架找正，全部工作应在3h内完成。一面墙不能一次贴到顶，以防塌落。随时用干布或棉纱将缝隙中挤出的浆液擦干净。

（4）镶贴后的每块瓷砖，可用小铲轻轻敲打牢固。工程完工后，应对其加强养护。同时，可用稀盐酸刷洗表面，随时用水冲洗干净。

（5）粘贴48h后，用同色素水泥擦缝。

（6）工程全部完成后，应根据不同的污染程度用稀盐酸刷洗，随即再用清水冲洗。

3.基层凿毛甩浆

对于坚硬光滑的基层，如混凝土墙面，必须对基层先进行凿毛、甩浆处理。凿毛的深度为5~10mm、间距为30mm，毛面要求均匀，并用钢丝刷子刷干净，用水冲洗。然后在凿毛面上甩水泥砂浆，其配合比为水泥：中砂：胶粘剂＝1：1.5：0.2。甩浆厚度为5mm左右，甩浆前先润湿基层面，甩浆后注意养护。

4.贴结牢固检查

凡敲打瓷砖面发出空声时，证明贴结不牢或缺灰，应取下瓷砖重贴。

（二）外墙面砖安装施工

1.基层为混凝土墙的外墙面砖安装

（1）吊垂直、找方、找规矩、贴灰饼。若建筑物为高层时，应在四大角和门窗口用经纬仪打垂直线找直；如果建筑物为多层，可从顶层开始用特制的大线坠绷钢丝吊垂直，然后根据面砖的规格尺寸分层设点、做灰饼。横线则以楼层为水平基线交圈控制，竖向则以四周大角和通天柱、垛子为基线控制，应全部是整砖。每层打底时则以此灰饼作为基准点进行冲筋，使其底层灰做到横平竖直。同时要注意找好凸出檐口、腰线、窗台、雨篷等饰面的流水坡度。

（2）抹底层砂浆。先刷一遍水泥素浆，紧接着分遍抹底层砂浆（常温时采用配合比为 1：0.5：4 水泥白灰膏混合砂浆，也可用 1：3 水泥砂浆）。第一遍厚度宜为 5mm，抹后用扫帚扫毛；待第一遍达到六七成干时，即可抹第二遍，厚度为 8～12mm，随即用木杠刮平，木抹搓毛，终凝后浇水养护。

（3）弹线分格。待基层灰达到六七成干时，即可按图纸要求进行分格弹线，同时进行面层贴标准点的工作，以控制面层出墙尺寸及墙面垂直、平整。

（4）排砖。根据大样图及墙面尺寸进行横竖排砖，以保证面砖缝隙均匀，符合设计图纸要求，注意大面和通天柱、垛子排整砖以及在同一墙面上的横竖排列，均不得有一行以上的非整砖。非整砖行应排在次要部位，如窗间墙或阴角处等，但也要注意一致和对称。如遇凸出的卡件，应用整砖套割吻合，不得用非整砖拼凑镶贴。

（5）浸砖。外墙面砖镶贴前，首先要将面砖清扫干净，放入净水中浸泡 2h 以上，取出待表面晾干或擦干净后方可使用。

（6）镶贴面砖。在每一分段或分块内的面砖，均为自下向上镶贴。从最下一层砖下皮的位置线先稳好靠尺，以此托住第一皮面砖。在面砖外皮上口拉水平通线，作为镶贴的标准。

在面砖背面宜采用 1：2 水泥砂浆或水泥：白灰膏：砂＝1：0.2：2 的混合砂浆镶贴。砂浆厚度为 6～10mm，贴上后用灰铲柄轻轻敲打，使之附线，再用钢片开刀调整竖缝，并用小杠通过标准点调整平面垂直度。另一种做法是用 1：1 水泥砂浆加含水率 20% 的胶粘剂，在砖背面抹 3～4mm 厚粘贴即可。但此种做法基层灰浆必须抹得平整，而且砂子必须过筛后使用。

（7）面砖勾缝与擦缝。宽缝一般为 8mm 以上，用 1：1 水泥砂浆勾缝，先勾水平缝再勾竖缝，勾好后要求凹进面砖外表面 2～3mm。若横竖缝为干挤缝，或小于 3mm 者，应用白水泥配颜料进行擦缝处理。面砖缝勾完后用布或棉丝蘸稀盐酸擦洗干净。

2. 基层为砖墙的外墙面砖安装

基层为砖墙的外墙面砖安装施工要点如图 2-6 所示。

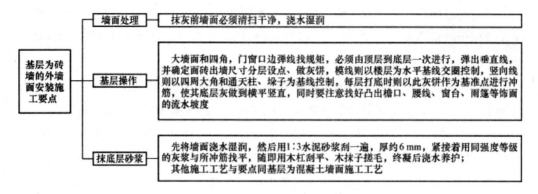

图 2-6　基层为砖墙的外墙面安装施工要点

（三）玻璃马赛克安装施工

玻璃马赛克与陶瓷马赛克的差别在于坯料中掺入了石英材料，故烧成后呈半透明玻璃质状。其规格为 20 mm×20 mm×4 mm，反贴在纸板上，每张标准尺寸为 325 mm×325mm（每张纸板上粘贴有 225 块玻璃马赛克）。玻璃马赛克安装施工工艺及要点如下。

1. 中层表面的平整度，阴阳角垂直度和方正偏差宜控制在 2mm 以内，以保证面层的铺贴质量。中层做好后，要根据玻璃马赛克的整张规格尺寸弹出水平线和垂直线。如要求分格，应根据设计要求定出留缝宽度，制备分格条。

2. 注意选择黏结灰浆的颜色和配合比。用白水泥浆粘贴白色和淡色玻璃马赛克，用加颜料的深色水泥浆粘贴深色玻璃马赛克。白水泥浆配合比为水泥：石灰膏＝1：（0.15～0.20）。

3. 抹黏结灰浆时要注意使其填满玻璃马赛克之间的缝隙。铺贴玻璃马赛克时，先在中层上涂抹黏结灰浆一层，厚度为 2～3mm。再在玻璃马赛克底面薄薄地涂抹一层黏结灰浆，涂抹时要确保缝隙中（粒与粒之间）灰浆饱满，否则用水洗刷玻璃马赛克表面时，易产生砂眼洞。

4. 铺贴时要力求一次铺准，稍做校正，即可达到缝格对齐、横平竖直的要求。铺贴后，应将玻璃马赛克拍平、拍实，使其缝中挤满黏结灰浆，以保证其黏结牢固。

5. 要掌握好揭纸和洗刷余浆时间，过早会影响黏结强度，易产生掉粒和小砂眼洞现象；过晚则难洗净余浆，而影响表面清洁度和色泽。一般要求上午铺贴的要在上午完成，下午铺贴的要在下午完成。

6. 擦缝刮浆时，不能在表面满涂满刮，否则水泥浆会将玻璃毛面填满而失去光泽。擦缝时应及时用棉丝将污染玻璃马赛克表面的水泥浆擦洗干净。

第三节　楼地面工程

楼地面工程是人们工作和生活中接触最频繁的一个分部工程，其反映楼地面工程档次和质量水平，具有地面的承载能力、耐磨性、耐腐蚀性、抗渗漏能力、隔声性能、弹性、光洁程度、平整度等指标以及色泽、图案等艺术效果。

一、楼地面工程组成和分类

（一）楼地面的组成
楼地面是房屋建筑底层地坪与楼层地坪的总称，由面层、垫层和基层等部分构成。

（二）楼地面的分类
1.按面层材料划分，楼地面可分为土、灰土、三合土、菱苦土、水泥砂浆混凝土、水磨石、陶瓷马赛克、木、砖和塑料地面等。

2.按面层结构划分，楼地面可分为整体面层（如灰土、菱苦土、三合土、水泥砂浆、混凝土、现浇水磨石、沥青砂浆和沥青混凝土等）块料面层（如缸砖、塑料地板、拼花木地板、陶瓷马赛克、水泥花砖、预制水磨石块、大理石板材、花岗石板材等）和涂布地面等。

二、整体地面

现浇整体地面一般包括水泥砂浆地面和水磨石地面，现以水泥砂浆地面为例，简述整体地面的施工技术要求和方法。

（一）施工准备
1.材料。

（1）水泥：优先采用硅酸盐水泥、普通硅酸盐水泥，强度等级不低于42.5级，严禁不同品种、不同强度等级的水泥混用。

（2）砂：采用中砂、粗砂，含泥量不大于7%，过8mm孔径筛子；如采用细砂，砂浆强度偏低，易产生裂缝；采用石屑代砂，粒径宜为6～7mm，含泥量不大于7%，可拌制成水泥石屑浆。

2.地面垫层中各种预埋管线已完成，穿过楼面的方管已安装完毕，管洞已落实，有地漏的房间已找泛水。

3. 施工前应在四周墙身弹好 50cm 的水平墨线。

4. 门框已立好，再一次核查找正，对于有室内外高差的门口位，如果是安装有下槛的铁门时，还应顾及室内、外面能各在下槛两侧收口。

5. 墙、顶抹灰已完成，屋面防水已做好。

（二）施工方法

1. 基层处理。水泥砂浆面层是铺抹在楼面、地面的混凝土、水泥炉渣、碎砖三合土等垫层上，垫层处理是防止水泥砂浆面层空鼓、裂纹、起砂等质量通病的关键工序。因此，要求垫层应具有粗糙洁净和潮湿的表面，一切浮灰、油渍、杂质必须清除，否则会形成一层隔离层，使面层结合不牢。基层处理方法：将基层上的灰尘扫掉，用钢丝刷和錾子刷净，剔掉灰浆皮和灰渣层，用 10% 的火碱水溶液刷掉基层上的油污，并用清水及时将碱液冲净。对表面比较光滑的基层，应进行凿毛，并用清水冲洗干净。冲洗后的基层最好不要上人。

2. 抹灰饼和标筋（或称冲筋）。根据水平基准线再把楼地面层上皮的水平基准线弹出。面积不大的房间，可根据水平基准线直接用长木杠标筋，施工中进行几次复尺即可。对面积较大的房间，应根据水平基准线，在四周墙角处每隔 1.5 ~ 2.0m 用 1∶2 水泥砂浆抹标志块，标志块大小一般是 8 ~ 10cm 见方。待标志块结硬后，再以标志块的高度做出纵横方向通长的标筋以控制面层的厚度。标筋用 1∶2 水泥砂浆，宽度一般为 8 ~ 10cm。做标筋时，要注意控制面层厚度，面层的厚度应与门框的锯口线吻合。

3. 设置分格条。为防止水泥砂浆在凝结硬化时体积收缩产生裂缝，应根据设计要求设置分格缝。首先根据设计要求在找平层上弹线确定分格缝位置，然后在分格线位置上粘贴分格条，分格条应黏结牢固。若无设计要求，可在室内与走道邻接的门扇下设置；当开间较大时，在结构易变形处设置。分格缝顶面应与水泥砂浆面层顶面相平。

4. 铺设砂浆。铺设砂浆要点如下：

（1）水泥砂浆的强度等级不应小于 M15，水泥与砂的体积比宜为 1∶2，其稠度不宜大于 35mm，并应根据取样要求留设试块。

（2）水泥砂浆铺设前，应提前一天浇水湿润。铺设时，在湿润的基层上涂刷一道水胶比为 0.4 ~ 0.5 的水泥素浆作为加强黏结，随即铺设水泥砂浆。水泥砂浆的标高应略高于标筋，以便刮平。

（3）当水泥砂浆凝结到六七成干时，用木刮杠沿标筋刮平，并用靠尺检查平整度。

5. 面层压光。

（1）第一遍压光。砂浆收水后，即可用铁抹子进行第一遍压光，直至出浆。如砂浆局部过干，可在其上洒水湿润后再进行压光；如局部砂浆过稀，可在其上均匀撒一层体积比为 1 ∶ 2 的干水泥砂吸水。

（2）第二遍压光。砂浆初凝后，当人站上去有脚印但不下陷时，即可进行第二遍压光，用铁抹子边抹边压，使表面平整，要求不漏压，平面出光。

（3）第三遍压光。砂浆终凝前，即人踩上去稍有脚印，用抹子压光无抹痕时，即可进行第三遍压光。抹压时用力要大且均匀，将整个面层全部压实、压光，使表面密实、光滑。

6. 养护。水泥砂浆面层抹压后，应在常温湿润条件下养护。养护要适时，浇水过早易起皮，浇水过晚则会使面层强度降低而加剧其干缩和开裂倾向。一般夏季应在 24h 后养护，春秋季节应在 48h 后养护，养护一般不少于 7d。最好是在铺上锯末屑（或以草垫覆盖）后再浇水养护，浇水时宜用喷壶喷洒，使锯末屑（或草垫等）保持湿润即可。如采用矿渣水泥时，养护时间应延长到 14d。在水泥砂浆面层强度达不到 5 MPa 之前，不准在上面行走或进行其他作业，以免损坏地面。

三、块料地面

（一）陶瓷地砖地面

1. 铺找平层。将基层清理干净后提前浇水湿润。铺设找平层时应先刷素水泥浆一道，随刷随铺砂浆。

2. 排砖弹线。根据 + 50cm 水平线在墙面上弹出地面标高线。根据地面的平面几何形状尺寸及砖的大小进行计算排砖。排砖时统筹兼顾以下几点：一是尽可能对称；二是房间与通道的砖缝应相通；三是不割或少割砖，可利用砖缝宽窄、镶边来调节；四是房间与通道如用不同颜色的砖，分色线应留置于门扇处。排后直接在找平层上弹纵横控制线（小砖可每隔四块弹一控制线），并严格控制好方正。

3. 选砖。由于砖的大小及颜色有差异，铺砖前一定要选砖分类。将尺寸大小及颜色相近的砖铺设在同一房间内。同时保证砖缝均匀顺直、砖的颜色一致。

4. 铺砖。纵向先铺几行砖，找好位置和标高，并以此为准，拉线铺砖。铺砖时应从里向外退向门口的方向逐排铺设，每块砖应跟线。铺砖的操作是，在找平层上刷水泥浆（随刷随铺），将预先浸水晾干的砖的背面朝上，抹 1 ∶ 2 水泥砂浆黏结层，厚度不小于 10mm，将抹好砂浆的砖铺砌到找平层上，砖上楞应跟线找正、找直，用橡皮锤敲实。

5. 拨缝修整。拉线拨缝修整，将缝找直，并用靠尺板检查平整度，将缝内多余的砂浆扫出，将砖拍实。

6. 勾缝。铺好的地面砖，应养护48h才能勾缝。勾缝用 1 ∶ 1 水泥砂浆，要求勾缝密实、灰缝平整光洁、深浅一致，一般灰缝低于地面 3 ~ 4mm；如设计要求不留缝，则需要灌缝擦缝，可用撒干水泥并喷水的方法灌缝。

（二）大理石及花岗石地面

1. 弹线。根据墙面 0.5m 标高线，在墙上做出面层顶面标高标志，室内与楼道面层顶面标高应一致。当大面积铺设时，用水准仪向地面中部引测标高，并做出标志。

2. 试拼和试排。在正式铺设前，对每一个房间使用的图案、颜色、花纹应按照图样要求进行试拼。试拼后按两个方向排列编号，然后按编号排放整齐。板材试拼时，应注意与相通房间和楼道的协调关系。

试排时，在房间两个垂直的方向，铺两条干砂带，其宽度大于板块，厚度不小于 30mm。根据图样要求把板材排好，核对板材与墙面、柱、洞口等的相对位置；板材之间的缝隙宽度，当设计无规定时不应大于 1mm。

3. 铺结合层。将找平层上试排时用过的干砂和板材移开，清扫干净，将找平层湿润，刷一道水胶比为 0.4 ~ 0.5 的水泥浆，但面积不要刷得过大，应随刷随铺砂浆。结合层采用 1：2 或 1：3 的水泥砂浆，稠度为 25 ~ 35mm，用砂浆搅拌机拌制均匀，应严格控制加水量，拌好的砂浆以手握成团、手捏或手颠即散为宜。砂浆厚度控制在放上板材时高出地面顶面标高 1 ~ 3mm 即可。铺好后用刮尺刮平，再用抹子拍实、抹平，铺摊面积不得过大。

4. 铺贴板材。所采用的板材应先用清水浸湿，但包装纸不得一同浸泡，待擦干或晾干后铺贴。铺贴时应根据试拼时的编号及试排时确定的缝隙，从十字控制线的交点开始拉线铺贴。铺贴纵横行后，可分区按行列控制线依次铺贴，一般房间宜由里向外，逐步退至门口。

铺贴时为了保证铺贴质量，应进行试铺。试铺时，搬起板材对好横纵控制线，水平下落在已铺好的干硬性砂浆结合层上，用橡胶锤敲击板材顶面，振实砂浆至铺贴高度后，将板材掀起移至一旁；检查砂浆表面与板材之间是否吻合，如发现有空虚之处，应用砂浆填补，然后正式铺贴。正式铺贴时，先在水泥砂浆结合层上均匀浇一层水胶比为 0.5 的水泥浆，再铺板材，安放时四角同时在原位下落，用橡胶锤轻敲板材，使板材平实，根据水平线用水平尺检查板材平整度。

5. 擦缝。在板材铺贴完成 1 ~ 2d 后进行灌浆擦缝。根据板材颜色，选用相同颜色的矿物颜料和水泥拌和均匀，调成 1：1 稀水泥浆，将其徐徐灌入板材之间的缝隙内，至基本灌满为止。灌浆 1 ~ 2h 后，用棉纱蘸原稀水泥浆擦缝并与板面擦平，同时将板面上的稀水泥浆擦除干净，接缝应保证平整、密实。完成后，面层加以覆盖，养护时间不应少于 7d。

6. 打蜡。当水泥砂浆结合层抗压强度达到 11.2 MPa 后，各工序均完成，将面层表面用草酸溶液清洗干净并晾干后，将成品蜡放于布中薄薄地涂在板材表面，待蜡干后，用木块代替油石进行磨光，直至板材表面光滑洁亮为止。

第四节　涂饰工程

涂料敷于建筑物表面并与基体材料很好地黏结，干结成膜后，既对建筑物表面起到一定的保护作用，又具有建筑装饰的效果。

一、涂饰工程材料质量要求

（一）涂料质量要求

1. 涂料工程所用的涂料和半成品（包括施涂现场配制的），均应有品名、种类、颜色、制作时间、储存有效期、使用说明和产品合格证书、性能检测报告及进场验收记录。

2. 内墙涂料要求耐碱性、耐水性、耐粉化性良好，以及有一定的透气性。

3. 外墙涂料要求耐水性、耐污染性和耐候性良好。

（二）腻子质量要求

涂料工程使用的腻子的塑性和易涂性应满足施工要求，干燥后应坚固，无粉化、起皮和开裂，并按基层、底涂料和面涂料的性能配套使用。另外，处于潮湿环境的腻子应具有耐水性。

二、涂饰工程基层处理要求

1. 基体或基层的含水率：混凝土和抹灰表面涂刷溶剂型涂料时，含水率不得大于8%；涂刷乳液型涂料时，含水率不得大于10%；木料制品含水率不得大于12%。

2. 新建建筑物的混凝土或抹灰基层在涂饰涂料前应涂刷抗碱封闭底漆；旧墙面在涂刷涂料前应清除疏松的旧装修层，并涂刷界面剂。

3. 涂饰工程墙面基层，表面应平整、洁净，并有足够的强度，不得酥松、脱皮、起砂、粉化等。

三、涂饰工程施工方法

（一）刷涂

刷涂宜采用细料状或云母片状涂料。刷涂时，用刷子蘸上涂料直接涂刷于被涂饰基层表面，其涂刷方向和行程长短应一致。涂刷层次，一般不少于两度。在前一度涂层表面干燥后再进行后一度涂刷。两度涂刷间隔时间与施工现场的温度、湿度有关，一般不少于 2 ~ 4h。

（二）喷涂

喷涂宜采用含粗填料或云母片的涂料。喷涂是借助喷涂机具将涂料呈雾状或粒状喷出，分散沉积在物体表面上。喷射距离一般为 40 ~ 60cm，施工压力为 0.4 ~ 0.8 MPa。喷枪运行中喷嘴中心线必须与墙面垂直，喷枪与墙面平行移动，运行速度保持一致。室内喷涂一般先喷顶后喷墙，两遍成活，间隔时间约为 2h；外墙喷涂一般为两遍，较好的饰面为三遍。

（三）滚涂

滚涂宜采用细料状或云母片状涂料。滚涂是利用涂料辊子蘸匀适量涂料，在待涂物体表面施加轻微压力上下垂直来回滚动，避免歪扭呈蛇形，以保证涂层的厚度、色泽、质感一致。

（四）弹涂

弹涂宜采用细料状或云母片状涂料。先在基层刷涂 1 或 2 道底色涂层，待其干燥后进行弹涂。弹涂时，弹涂器的出口应垂直对正墙面，距离为 300 ~ 500mm，按一定速度自上而下、自左至右地弹涂。注意弹点密度均匀适当，上下左右接头不明显。

第五节　门窗工程

常见的门窗类型有木门窗、铝合金门窗、塑料门窗、钢门窗、彩板门窗和特种门窗等。门窗工程的施工可分为两大类：一类是由工厂预先加工拼装成型，在现场安装；另一类是在现场根据设计要求加工、制作，即时安装。

一、木门窗安装

（一）放线找规矩

以顶层门窗位置为准，从窗中心线向两侧量出边线，用垂线或经纬仪将顶层门窗控制线逐层引下，分别确定各层门窗的安装位置；再根据室内墙面上已确定的"50线"，确定门窗安装标高；然后根据墙身大样图及窗台板的宽度，确定门窗安装的平面位置，在侧面墙上弹出竖向控制线。

（二）洞口修复

门窗框安装前，应检查洞口尺寸大小、平面位置是否准确，如有缺陷应及时进行剔凿处理。检查预埋木砖的数量及固定方法并应符合以下要求：

1. 高为 1.2m 的洞口，每边预埋 2 块木砖；高为 1.2 ~ 2m 的洞口，每边预埋 3 块木砖；高为 2 ~ 3m 的洞口，每边预埋 4 块木砖。

2. 当墙体为轻质隔墙和 120mm 厚的隔墙时，应采用预埋木砖的混凝土预制块，混凝土强度等级不低于 C15。

（三）门窗框安装

门窗框安装时，应根据门窗扇的开启方向，确定门窗框安装的裁口方向；有窗台板的窗，应根据窗台板的宽度确定窗框位置；有贴脸的门窗，立框应与抹灰面齐平；中立的外窗以遮盖住砖墙立缝为宜。门窗框安装标高以室内"50线"为准，用木楔将框临时固定于门窗洞口内，并立即使用线坠检查，达到要求后塞紧固定。

（四）嵌缝处理

门窗框安装完经自检合格后，在抹灰前应进行塞缝处理，塞缝材料应符合设计要求，无特殊要求者用掺有纤维的水泥砂浆嵌实缝隙，经检验无漏嵌和空嵌现象后，方可进行抹灰作业。

（五）门窗扇安装

安装前，按图样要求确定门窗的开启方向及装锁位置，以及门窗口尺寸是否正确。将门扇靠在框上，画出第一次修刨线，如扇小应在下口和装合页的一面绑粘木条，然后修刨合适。第一次修刨后的门窗扇，应以能塞入口内为宜。第二次修刨门窗扇后，缝隙尺寸合适，同时在框、扇上标出合页位置，定出合页安装边线。

二、铝合金门窗安装

铝合金门窗框一般是用后塞口方法安装。门窗框加工的尺寸应比洞口尺寸略小，门窗框与结构之间的间隙，应视不同的饰面材料而定。

安装前，应逐个检查门、窗洞口的尺寸与铝合金门、窗框的规格是否相适应，对于尺寸偏差较大的部位，应剔凿或填补处理。然后按室内地面弹出的"50线"和垂直线，标出门窗框安装的基准线。要求同一立面的门窗在水平与垂直方向应做到整齐一致。按在洞口弹出的门窗位置线，将门窗框立于墙体中心线部位或内侧，并用木楔临时固定，待检查立面垂直度、左右间隙、上下位置等符合要求后，将镀锌锚固板固定在门窗洞口内。锚固板是铝合金门、窗框与墙体固定的连接件，锚固板的一端固定在门窗框的外侧，另一端固定在密实的洞口墙内，锚固板形状如图2-7所示。锚固板与结构的固定方法有射钉固定法、膨胀螺丝固定法和燕尾铁脚固定法。

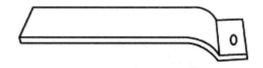

图2-7　锚固板形状示意

铝合金门窗框安装固定后，应按设计要求及时处理窗框与墙体缝隙。若设计未规定具体堵塞材料，应采用矿棉或玻璃棉毡分层填塞缝隙，外表面留 5 ~ 8mm 深槽口，槽内填嵌密封材料。

门窗扇的安装，需在室内外装修基本完成后进行，框装上扇后应保证框扇的立面在同一平面内，窗扇就位准确，启闭灵活。平开窗的窗扇安装前应先将合页固定在窗框上，再将窗扇固定在合页上；推拉式门窗扇，应先装室内侧门窗扇，后装室外侧门窗扇；固定扇应装在室外侧，并固定牢固，确保使用安全。

玻璃安装是铝合金门、窗安装的最后一道工序，包括玻璃裁割、玻璃就位、玻璃密封与固定。玻璃裁割时，应根据门窗扇的尺寸来计算下料尺寸。玻璃单块尺寸较小时，可用双手夹住就位；若单块玻璃尺寸较大，可用玻璃吸盘就位。玻璃就位后，及时用橡胶条固定。玻璃应放在凹槽的中间，内、外侧间距不应小于2mm，也不宜大于5mm。同时为防止因玻璃的胀缩而造成型材的变形，型材下凹槽内可放置3 mm 厚氯丁橡胶垫块将玻璃垫起。

铝合金门窗交工前，应将型材表面的保护胶纸撕掉，如有胶迹，可用香蕉水清理干净，玻璃应用清水擦洗干净。

三、塑料门窗安装

（一）工艺流程

弹线找规矩→门窗洞口处理→安装连接件的检查→塑料门窗外观检查→按图示要求运到安装地点→塑料门窗安装→门窗四周嵌缝→安装五金配件→清理。

（二）工艺要点

1. 本工艺应采用后塞口施工，不得先立口后再进行结构施工。

2. 检查门窗洞口尺寸是否比门窗框尺寸大 30mm，否则应先进行剔凿处理。

3. 按图样尺寸放好门窗框的安装位置线及立口的标高控制线。

4. 安装门窗框上的铁脚。

5. 安装门窗框，并按线就位找好垂直度及标高，用木楔临时固定，检查正、侧面垂直及对角线，合格后用膨胀螺栓将铁脚与结构固定牢固。

6. 嵌缝：门窗框与墙体的缝隙应按设计要求的材料嵌缝，如设计无要求，可用沥青麻丝或泡沫塑料填实，表面用厚度为 5 ~ 8mm 的密封胶封闭。

7. 门窗附件安装：安装时应先用电钻钻孔，再用自攻螺钉拧入。严禁用铁锤或硬物敲打，防止损坏框料。

8. 安装后注意成品保护，防污染，防焊接火花烧伤。

第六节 吊顶工程

吊顶是室内装饰工程的一个重要组成部分，具有保温、隔热、隔声、吸声等作用，也是安装照明、暖卫、通风空调、通信和防火、报警管线设备的隐蔽层。

一、吊顶的构造

吊顶从形式上可分为直接式和悬吊式两种。其中，悬吊式吊顶是目前采用最广泛的技术。悬吊装配式顶棚的构造主要由基层、悬吊件、龙骨和面层组成。

1. 基层。基层为建筑物结构件，主要为混凝土楼（顶）板或屋架。

2. 悬吊件。悬吊件是悬吊式顶棚与基层连接的构件，一般埋在基层内，属于悬吊式顶棚的支撑部分。其材料可以根据顶棚不同的类型选用钢丝、钢筋、型钢吊杆（包括伸缩式吊杆）等。

3. 龙骨。龙骨是固定顶棚面层的构件，并将所承受面层的重量传递给支撑部分。

4. 面层。面层是顶棚的装饰层，使顶棚达到既具有吸声、隔热、保温、防火等功能，又具有美化环境的效果。

二、木龙骨吊顶施工

木龙骨吊顶施工工艺如下：

1. 弹水平线。首先将楼地面基准线弹在墙上，并以此为起点，弹出吊顶高度水平线。

2. 主龙骨的安装。主龙骨与屋顶结构或楼板结构连接主要有三种方式：一是用屋面结构或楼板内预埋铁件固定吊杆；二是用射钉将角铁等固定于楼底面固定吊杆；三是用金属膨胀螺栓固定铁件，再与吊杆连接。

主龙骨安装后，沿吊顶标高线固定沿墙木龙骨，木龙骨的底边与吊顶标高线齐平。一般是用冲击电钻在标高线以上 10mm 处墙面打孔，孔内塞入木楔，将沿墙龙骨钉固于墙内木楔上。然后将拼接组合好的木龙骨架托到吊顶标高位置，整片调整调平后，将其与沿墙龙骨和吊杆连接。

3. 罩面板的铺钉。罩面板多采用人造板，应按设计要求切成方形、长方形等。板材安装前，按照分块尺寸弹线，安装时由中间向四周呈对称排列，顶棚的接缝与墙面交圈应保持一致。面板应安装牢固且不得出现折裂、翘曲、缺棱、掉角和脱层等缺陷。

三、轻钢龙骨吊顶施工

利用薄壁镀锌钢板带经机械冲压而成的轻钢龙骨即为吊顶的骨架型材。施工前，先按龙骨的标高在房间四周的墙上弹出水平线，再根据龙骨的要求按一定间距弹出龙骨的中心线，找出吊点中心，将吊杆固定在预埋件上。吊顶结构未设预埋件时，要按确定的节点中心用射钉固定螺钉或吊杆，吊杆长度计算好后，在一端套丝，丝口的长度要考虑紧固的余量，并分别配好紧固用的螺母。

在主龙骨的吊顶挂件连在吊杆上校平调正后，拧紧固定螺母，然后根据设计和饰面板尺寸要求确定的间距，用吊挂件将次龙骨固定在主龙骨上，调平调正后安装饰面板。

U 形轻钢龙骨吊顶构造组成如图 2-8 所示。

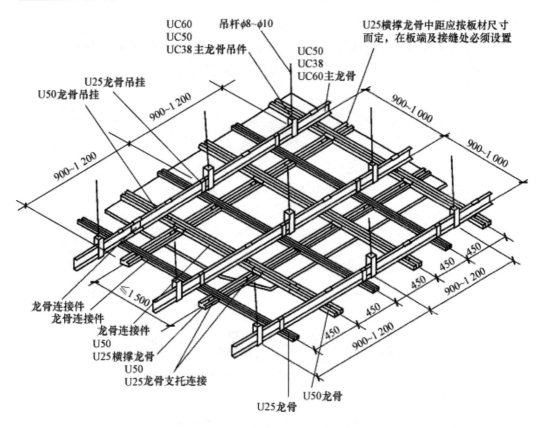

图 2-8 U 形轻钢龙骨吊顶构造组成

饰面板的安装方法有以下几种：

1. 搁置法。将饰面板直接放在 T 形龙骨组成的格框内。考虑到有些轻质饰面板，在刮风时会被掀起（包括空调口、通风口附近），可用木条、卡子固定。

2. 嵌入法。将饰面板事先加工成企口暗缝，安装时将 T 型龙骨两肢插入企口缝内。

3. 粘贴法。将饰面板用胶粘剂直接粘贴在龙骨上。

4. 钉同法。将饰面板用钉、螺丝、自攻螺丝等固定在龙骨上。

5. 卡固法。多用于铝合金吊顶，板材与龙骨直接卡接固定。

四、铝合金龙骨吊顶

铝合金龙骨吊顶按罩面板的要求不同，可分为龙骨地面不外露和龙骨地面外露两种形式，如图 2-9 所示。

铝合金龙骨吊顶的施工工艺如下：

1. 弹线。弹线根据设计要求在顶棚及四周墙面上弹出顶棚标高线、造型位置线、吊挂点位置、灯位线等。如采用单层吊顶龙骨骨架，吊点间距为 800 ~ 1500mm；如采用双层吊顶龙骨骨架，吊点间距≤1200mm。

2.安装吊点紧固件。按照设计要求，将吊杆与顶棚之上的预埋铁件进行连接。连接应稳固，并使其安装龙骨的标高一致，如图2-10、图2-11所示。

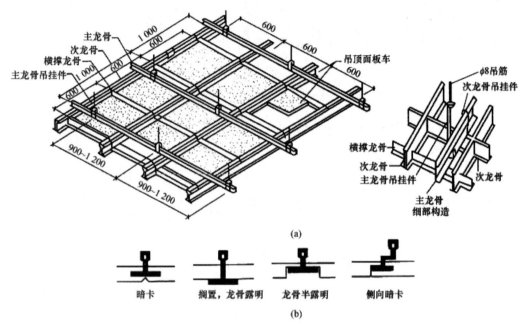

图2-9　龙骨地面不外露和龙骨地面外露

（a）吊顶龙骨布置；（b）龙骨地面外露情况

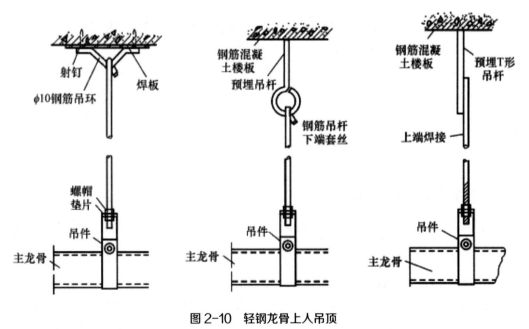

图2-10　轻钢龙骨上人吊顶

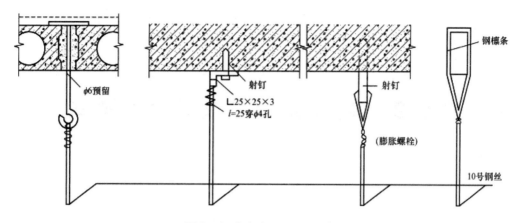

图 2-11 轻钢龙骨不上人吊顶

3. 安装大龙骨。采用单层龙骨时，大龙骨 T 形断面高度采用 38mm，适用于轻型级不上人明龙骨吊顶。有时采用一种中龙骨，纵横交错排列，避免龙骨纵向连接，龙骨长度为 2 ~ 3 个方格。单层龙骨安装方法是：首先沿墙面上的标高线固定边龙骨，边龙骨地面与标高线齐平，在墙上用 $\phi 20$ 钻头钻孔，间距为 500mm，将木楔子打入孔内，边龙骨钻孔，用木螺钉将龙骨固定于木楔上，也可用 $\phi 6$ 塑料膨胀管木螺钉固定，然后再安装其他龙骨，吊挂吊紧龙骨，吊点采用 900mm × 900mm 或 900mm × 1000mm，最后调平、调直、调方格尺寸。

4. 安装中、小龙骨。首先安装边小龙骨，边龙骨底面沿墙面标高线齐平固定墙上，并和大龙骨挂接，然后安装其他中龙骨。中、小龙骨需要接长时，用纵向连接件，将特制插头插入插孔即可。插件为单向插头，不能拉出。在安装中、小龙骨时，为保证龙骨间距的准确性，应制作一个标准尺杆，用来控制龙骨间距。由于中、小龙骨露于板外，因此龙骨的表面要保证平直一致。在横撑龙骨端部用插接件，插入龙骨插孔即可固定，插件为单向插接，安装牢固。要随时检查龙骨方格尺寸。当整个房间安装完工后，进行检查，调直、调平龙骨。

5. 安装罩面板。当采用明龙骨时，龙骨方格调整平直后，将罩面板直接摆放在方格中，由龙骨翼缘承托饰面板四边。为了便于安装饰面板，龙骨方格内侧净距一般应大于饰面板尺寸 2mm；当采用暗龙骨时，用卡子将罩面板暗挂在龙骨上即可。

第三章 地基处理与基础工程施工

第一节 地基处理

一、地基处理的方法

在建筑工程中遇到工程结构的荷载较大，地基土质又较软弱（强度不足或压缩性大），不能作为天然地基时，可针对不同情况，采取各种人工加固处理的方法，以改善地基性质、提高承载力、增加稳定性、减少地基变形和基础埋置深度。

地基处理的原理是："将土质由松变实"，"将土的含水量由高变低"，即可达到地基加固的目的。表 3-1 是按照地基原理进行分类的，在选择地基处理方案时，应考虑上部结构、基础和地基的共同作用，并经过技术经济比较，选用地基处理方案或加强上部结构和处理地基相结合的方案。

表 3-1 地基处理方法分类

编号	分类	处理方法	原理及作用	适用范围
1	碾压及夯实	重锤夯实，机械碾压，振动压实，强夯（动力固结）	利用压实原理，通过机械碾压夯击，把地基土压实，强夯则利用强大的夯击能，在地基中产生强烈的冲击波和动应力，迫使土动力固结密实	适用于碎石土、砂土、粉土、低饱和度的黏性土、杂填土等，对饱和黏性土应慎重采用
2	换土垫层	砂石垫层，素土垫层，灰土垫层，矿渣垫层	以砂石、素土、灰土和矿渣等强度较高的材料置换地基表层软弱土，提高持力层的承载力，扩散应力，减少沉降量	适用于处理暗沟、暗塘等软弱土地基
3	排水固结	天然地基顶压，砂井预压塑料排水带预压，真空预压，降水预压	在地基中增设竖向排水体，加速地基的固结和强度增长，提高地基的稳定性，加速沉降发展，使基础沉降提前完成	适用于处理饱和软弱土层，对于渗透性极低的泥炭土，必须慎重对待

4	振密挤密	振冲挤密，灰土挤密桩，砂桩，石灰桩，爆破挤密	采用一定的技术措施，通过振动或挤密，使土体的空隙减少，强度提高，必要时，在振动挤密的过程中，回填砂、砾石、灰土、素土等，与地基土组成复合地基，从而提高地基的承载力，减少沉降量	适用于处理松砂、粉土、杂填土及湿陷性黄土
5	置换及拌入	振冲置换，深层搅拌，高压喷射注浆，石灰桩等	采用专门的技术措施，以砂、碎石等置换软弱土地基中部分软弱土，或在部分软弱土地基中掺入水泥、石灰或砂浆等形成加固体，与未处理部分土组成复合地基，从而提高地基承载力，减少沉降量	黏性土、冲填土、粉砂、细砂等。振冲置换法对于不排水抗剪强度小于20kPa 时慎用
6	加筋	土工合成材料加筋，锚固，树根桩，加筋土	在地基或土体中埋设强度较大的土工合成材料、钢片等加筋材料，使地基或土体能承受抗拉力，防止断裂，保持整体性，提高刚度，改变地基土体的应力场和应变场，从而提高地基的承载力，改善变形特性	软弱土地基、填土及陡坡填土、砂土
7	其他	灌浆，冻结，托换技术，纠偏技术	通过独特的技术措施处理软弱土地基	根据实际情况确定

二、换土垫层法施工

换土垫层法也称换填法，它是将基础底面以下处理范围内的软弱土层部分或全部挖去，然后分层换填密度大、强度高、水稳定性好的砂、碎石或灰土等材料及其他性能稳定和无侵蚀性的材料，并碾压、夯实或振实至要求的密实度为止。目前常用的垫层施工方法，主要有机械碾压法、重锤夯实法和振动压实（平板压实）法。

（一）机械碾压法

机械碾压法是采用压路机、推土机、羊足碾或其他压实机械来压实地基土。施工时先将拟建建筑物范围一定深度内的软弱土挖去，然后在基坑底部碾压，再将砂石、素土或灰土等垫层材料分层铺垫在基坑内，逐层压实。

（二）重锤夯实法

重锤夯实法是用起重机械将夯锤提升到一定高度，然后自由落锤，不断重复夯击以加固地基。重锤夯实法一般适用于地下水位距地表 0.8m 以上，有效夯实深度内土的饱和度小于并接近 0.6 时。当夯击振动对邻近建筑物或设备产生有害影响时，不得采用重锤夯实。

采用重锤夯实法施工时，应控制土的最优含水量，使土粒间有适当的水分滑润，夯击时易于互相滑动挤压密实。同时应防止土的含水量过大，避免夯击成"橡皮土"。

（三）振动压实法

振动压实法是利用振动压实机（图 3-1）来压实非黏性土或黏粒含量少、透水性较好的松散杂填土地基的方法。

振动压实的效果与填土成分、振动时间等因素有关。振动时间越长，效果越好，但振动超过一定时间后，振动引起的下沉基本稳定，再继续振动也不能进一步压实。因此，施工前应进行试振，确定振动时间。振动压实施工时，先振基槽两边，后振中间，其振实的标准是以振动机原地振实不再继续下沉为合格，并辅以轻便触探试验检验其均匀性及影响深度。

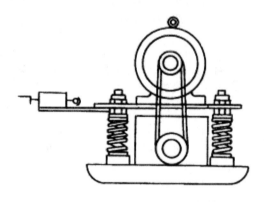

图 3-1　振动压实机示意图

三、振冲地基施工

振冲地基又称为振冲桩复合地基，即利用起重机吊起振冲器，启动潜水电机带动偏心块，使振动器产生高频振动，同时启动水泵，通过喷嘴喷射出高压水流，在边振边冲的共同作用下将振动器沉到土中的预定深度；经清孔后，向孔内逐段填入碎石，或不加填料，使其在振动作用下被挤密实，达到要求的密实度后即可提升振动器；如此重复填料和振密，直至地面，在地基中形成一个大直径的密实桩体与原地基构成复合地基，从而提高地基的承载力，减少地基沉降的加固方法。振冲地基是一种快速、经济、有效的加固方法。

振冲地基按加固机理和效果的不同，分为振冲置换法和振冲密实法两类。

（一）振冲置换法

振冲置换法是在地基土中借振冲器成孔，振密填料置换，制成以碎石、沙砾等散粒材料组成的桩体，与原地基土一起构成复合地基，使地基承载力提高，沉降减少，故又称为振冲置换碎石桩法。

振冲置换法适用于处理不排水抗剪强度不小于 20kPa 的黏性土、粉土、饱和黄土和人工填土等地基。振冲置换法加固地基的深度一般为 14m，最大达 18m，置换率一般为 10%~30%，每米桩的填料量为 0.3~0.7m³，直径为 0.7~1.2m。

振冲置换法施工工艺如图 3-2 所示，可按下列步骤进行：

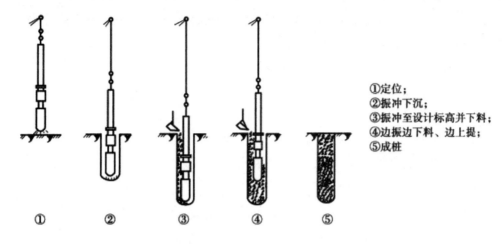

①定位；
②振冲下沉；
③振冲至设计标高并下料；
④边振边下料、边上提；
⑤成桩

① ② ③ ④ ⑤

图 3-2　振冲置换施工工艺

1. 清理平整施工场地，布置桩位。

2. 施工机具就位，使振冲器对准桩位。

3. 启动水泵和振冲器，使振冲器徐徐沉入土中，直至达到设计处理深度以上 0.3~0.5m，记录振冲器经各深度的电流值和时间，提升振冲器至孔口。

4. 重复上一步骤 1 或 2 次，使孔内泥浆变稀，然后将振冲器提出孔口。

5. 向孔内倒入一批填料，将振冲器沉入填料中进行振密，此时电流随填料的密实而逐渐增大。电流必须超过规定的密实电流，若达不到规定值，应向孔内继续加填料振密，记录这一深度的最终电流量和填料量。

6. 将振冲器提出孔口，继续制作上部的桩段。

7. 重复步骤 5、6，自下而上地制作桩体，直至孔口。

8. 关闭振冲器和水泵。

振冲置换法成孔顺序一般有围幕法、排孔法、跳打法等，如图 3-3 所示。

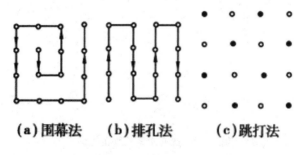

(a)围幕法　(b)排孔法　(c)跳打法

图 3-3　振冲置换法成孔顺序

（二）振冲密实法

振冲密实法是利用振动和压力水使砂层液化，砂颗粒相互挤密，重新排列，孔隙减少，从而提高地基承载力和抗液化能力，故又称为振冲挤密砂桩法。振冲密实法适用于处理砂土和粉土等地基，不加填料的振冲密实法仅适用于处理黏土粒含量小于10%的粗砂、中砂地基。

加填料的振冲密实法施工可按下列步骤进行：

1. 清理平整场地，布置振冲点。

2. 施工机具就位，在振冲点上安放钢护筒，使振冲器对准护筒的轴心。

3. 启动水泵和振冲器，使振冲器徐徐沉入砂层。

4. 振冲器达设计处理深度后，将水压和水量降至孔口有一定量回水，但无大量细颗粒带出的程度，将填料堆于护筒周围。

5. 填料在振冲器振动下依靠自重沿护筒周壁下沉至孔底，在电流升高到规定的控制值后，将振冲器上提 0.3~0.5m。

6. 重复上一步骤，直至完成全孔处理，详细记录各深度的最终电流值、填料量等。

7. 关闭振冲器和水泵。

不加填料的振冲密实施工方法与加填料的大体相同。使振冲器沉至设计处理深度，留振至电流稳定地大于规定值后，将振冲器上提 0.3~0.5m。如此重复进行，直至完成全孔处理。在中粗砂层中施工时，如遇振冲器不能贯入，可增设辅助水管，加快下沉速率。

振冲密实法施工工艺如图 3-4 所示。振冲密实法的施工顺序宜沿平行直线逐点进行。

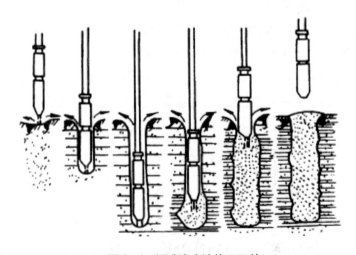

图 3-4　振冲密实法施工工艺

四、深层搅拌地基施工

深层搅拌法是利用水泥或水泥砂浆、石灰作为固化剂，通过特制的搅拌机械，在地基深处就地将软土和固化剂强制搅拌，固化剂和软土之间会产生一系列物理化学反应，使软土硬结成具有整体性、水稳定性和一定强度的地基，与天然地基形成复合地基，从而提高地基承载力，增大变形模量。深层搅拌法是用于加固饱和黏性土地基的一种新技术。

（一）施工工艺

深层搅拌法的施工工艺流程如图 3-5 所示，即深层搅拌机定位→预搅下沉→喷浆搅拌提升→重复搅拌下沉→重复搅拌提升直至孔口→关闭搅拌机，清洗→移至下一根桩位，重复以上工序。

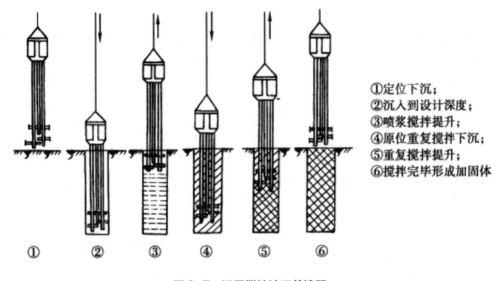

①定位下沉；
②沉入到设计深度；
③喷浆搅拌提升；
④原位重复搅拌下沉；
⑤重复搅拌提升；
⑥搅拌完毕形成加固体

① ② ③ ④ ⑤ ⑥

图 3-5　深层搅拌法工艺流程

（二）施工要点

1.深层搅拌施工前应先整平场地，清除桩位处地上、地下一切障碍物（包括大块石、树根和生活垃圾等），场地低洼处用黏性土料回填夯实，不得用杂填土回填。

2.施工前应标定搅拌机械的灰浆泵输浆量、灰浆经输浆管到达搅拌机喷浆口的时间和起吊设备提升速度等施工参数，并根据设计要求通过成桩试验，确定灰浆的配合比。

3.施工使用的固化剂和外掺剂必须通过加固土室内试验检验才能使用。固化剂浆液应严格按预定的配合比拌制，并应有防离析措施。泵送必须连续，拌制浆液量、固化剂与外掺剂的用量以及泵送浆液的时间等应有专人记录。

4. 保证起吊设备的平整度和导向架的垂直度,搅拌桩的垂直度偏差不得超过1.5%,桩位偏差不得大于50mm。

5. 搅拌机预搅下沉时,不宜冲水。当遇到较硬土层下沉太慢时,方可适量冲水,但应考虑冲水成桩对桩身强度的影响。

6. 控制搅拌机的提升速度和次数,记录搅拌机每米下沉或提升的时间,深度记录误差不得大于50mm,时间记录误差不得大于5s,施工中发现的问题及处理情况均应注明。

7. 每天加固完毕,应用水清洗储料罐、砂浆泵、深层搅拌机及相应管道,以备再用。

第二节　浅基础施工

浅基础,根据使用材料性能不同可分为无筋扩展基础(刚性基础)和扩展基础(柔性基础)。

无筋扩展基础又称为刚性基础,一般是由砖、石、素混凝土、灰土和三合土等材料建造的墙下条形基础或柱下独立基础。其特点是抗压强度高,而抗拉、抗弯、抗剪性能差,适用于6层和6层以下的民用建筑和轻型工业厂房。无筋扩展基础的截面尺寸有矩形、阶梯形和锥形等。墙下及柱下基础截面形式如图3-6所示。为保证无筋扩展基础内的拉应力及剪应力不超过基础的允许抗拉、抗剪强度,一般基础的刚性角及台阶宽高比应满足设计及施工规范要求。

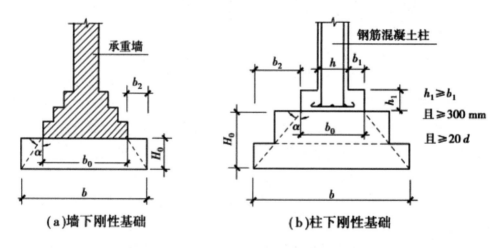

图3-6　无筋扩展基础截面形式

b—基础底面宽度;b0—基础顶面的墙体宽度或柱脚宽度;H0—基础高度;b2—基

础台阶宽度

扩展基础一般均为钢筋混凝土基础，按构造形式不同又可分为条形基础（包括墙下条形基础与柱下独立基础）、杯口基础、筏形基础、箱形基础等。

一、砖基础

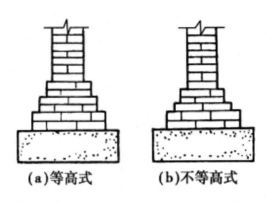

图 3-7　砖基础大放脚形式

砖基础用普通烧结砖与水泥砂浆砌成。砖基础砌成的台阶形状称为"大放脚"，有等高式和不等高式两种，如图 3-7 所示。等高式大放脚是两皮一收，两边各收进 1/4 砖长；不等高式大放脚是两皮一收与一皮一收相间隔，两边各收进 1/4 砖长。大放脚的底宽应根据计算确定，各层大放脚的宽度应为半砖宽的整数倍。在大放脚的下面一般做垫层。垫层材料可用 3：7 或 2：8 灰土，也可用 1：2：4 或 1：3：6 碎砖三合土。为了防止土中水分沿砖块中毛细管上升而侵蚀墙身，应在室内地坪以下一皮砖处设置防潮层。防潮层一般用 1：2 水泥防水砂浆，厚约 20mm。

砖基础施工要点如下：

1. 基槽（坑）开挖：应设置好龙门桩及龙门板，标明基础、墙身和轴线的位置。

2. 大放脚的形式：当地基承载力大于 150kPa 时，采用等高式大放脚，即两皮一收；否则，应采用不等高式大放脚，即两皮一收与一皮一收相间隔，基础底宽应由计算确定。

3. 砖基础若不在同一深度，则应先由底往上砌筑。在高低台阶接头处，下面台阶要砌一定长度（一般不小于基础扩大部分的高度）的实砌体，砌到上面后与上面的砖一起退台。

4. 砖基础接槎应留成斜槎，如因条件限制留成直槎时，应按规范要求设置拉结筋。

二、砌石基础

在石料丰富的地区，可因地制宜利用本地资源优势，做成砌石基础。基础采用的石料分毛石和料石两种，一般建筑采用毛石较多，价格低廉、施工简单。毛石又可分为乱毛石和平毛石。用水泥砂浆以铺浆法砌筑时，灰缝厚度为20~30mm。毛石应分皮卧砌，上下错缝，内外搭接，砌第一层石块时，基底要坐浆。石块大面向下，基础最上一层石块宜选用平面较大较好的石块砌筑。砌石基础如图3-8所示。

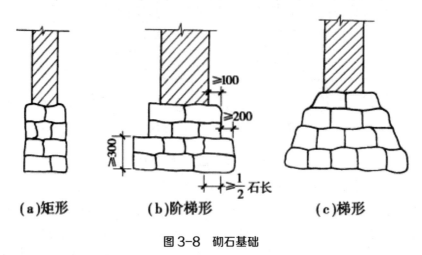

(a)矩形　　(b)阶梯形　　(c)梯形

图3-8　砌石基础

三、钢筋混凝土条形基础

墙下或柱下钢筋混凝土条形基础较为常见，工程中柱下基础底面形状很多情况是矩形的，我们称为柱下独立基础，它是条形基础的一种特殊形式，有时也统一称为条形基础或条式基础。条形基础构造如图3-9、图3-10所示。条形基础的抗弯和抗剪性能良好，可在竖向荷载较大、地基承载力不高的情况下采用；因为高度不受台阶宽高比的限制，故适于"宽基浅埋"的场合使用，其横断面一般呈倒T形。

（一）构造要求

1. 垫层厚度一般为100mm。

2. 底板受力钢筋的最小直径不宜小于8mm，间距不宜大于200mm。当有垫层时钢筋保护层的厚度不宜小于35mm，无垫层时不宜小于70mm。

3. 插筋的数目与直径应和柱内纵向受力钢筋相同。插筋的锚固及柱的纵向受力钢筋的搭接长度，按国家现行设计规范的规定执行。

（二）工艺流程

工艺流程为：土方开挖、验槽→混凝土垫层施工→恢复基础轴线、边线，校正标高→基础钢筋，柱、墙钢筋安装→基础模板及支撑安装→钢筋、模板验收→混凝土浇筑、试块制作→养护、模板拆除。

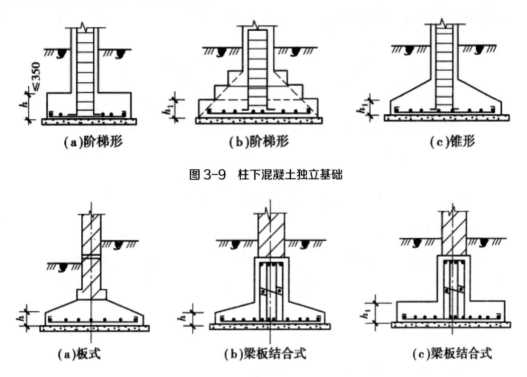

（a）阶梯形　　　　（b）阶梯形　　　　（c）锥形

图 3-9　柱下混凝土独立基础

（a）板式　　　　（b）梁板结合式　　　　（c）梁板结合式

图 3-10　墙下混凝土条形基础

（三）施工要点

1. 混凝土浇筑前应进行验槽，轴线、基坑（槽）尺寸和土质等均应符合设计要求。

2. 基坑（槽）内浮土、积水、淤泥、杂物等均应清除干净。基底局部软弱土层应挖去，用灰土或沙砾回填夯实至基底相平。

3. 当基槽验收合格后，浇筑混凝土垫层以保护地基。

4. 钢筋经验收合格后浇筑混凝土。

5. 质量检查。混凝土的质量检查，主要包括施工过程中的质量检查和养护后的质量检查。

四、杯口基础

杯口基础常用于装配式钢筋混凝土柱的基础，形式有一般杯口基础、双杯口基础、高杯口基础等。

（一）杯口模板

杯口模板可用木模板或钢模板，可做成整体式，也可做成两半形式，中间各加楔形板一块。拆模时，先取出楔形板，然后分别将两半杯口模板取出。为便于拆模，杯口模板外可包钉薄铁皮一层。支模时杯口模板要固定牢固。在杯口模板底部留设排气孔，避免出现空鼓，如图 3-11 所示。

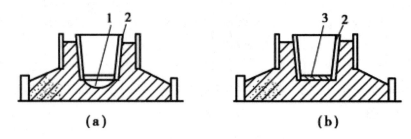

图 3-11 杯口内模板排气孔示意图

1—空鼓；2—杯口模板；3—底板留排气孔。

（二）混凝土浇筑

混凝土要先浇筑至杯底标高，方可安装杯口内模板。为保证杯底标高准确，一般在杯底留有 50mm 厚的细石混凝土找平层，在浇筑基础混凝土时，要仔细控制标高。

五、筏形基础

筏形基础由整板式钢筋混凝土板（平板式）或由钢筋混凝土底板和梁（梁板式）两种类型组成，适用于有地下室或地基承载能力较低而上部荷载较大的基础。筏形基础在外形和构造上如倒置的钢筋混凝土楼盖，分为梁板式和平板式两类，如图 3-12 所示。

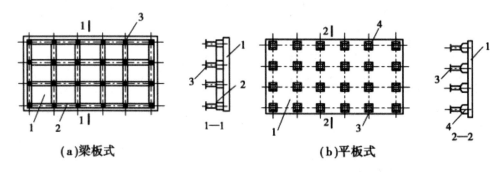

（a）梁板式　　　　　　　　　　（b）平板式

图 3-12 筏形基础

1—底板；2—梁；3—柱；4—支墩

施工要点如下：

1.根据地质勘探和水文资料，地下水位较高时，应采用降低水位的措施，使地下水位降低至基底以下不少于 500mm，保证在无水情况下进行基坑开挖和钢筋混凝土筏体施工。

2.根据筏形基础结构情况、施工条件等确定施工方案。

3.混凝土筏形基础施工完毕后，表面应加以覆盖和洒水养护，以保证混凝土的质量。

第三节　桩基础施工

桩基础简称桩基，是由基桩（沉入土中的单桩）和连接于基桩桩顶的承台共同组成。桩基础的作用是将上部结构的荷载传递到深部较坚硬、压缩性较小、承载力较大的土层或岩层上，或使软弱土层受挤压，提高地基土的密实度和承载力，以保证建筑物的稳定性，减少地基沉降。

按桩的传力方式不同，将桩基分为端承桩和摩擦桩，如图 3-13 所示。端承桩就是穿过软土层并将建筑物的荷载直接传递给坚硬土层的桩。摩擦桩是将桩沉至软弱土层一定深度，用以挤密软弱土层，提高土层的密实度和承载能力，上部结构的荷载主要由桩身侧面与土之间的摩擦力承受，桩间阻力也承受少量的荷载。

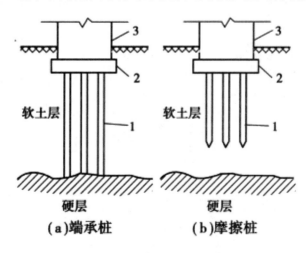

图 3-13　端承桩与摩擦桩

1—桩；2—承台；3—上部结构。

按桩的施工方法不同，有预制桩和灌注桩两类。预制桩是在工厂或施工现场用不同的建筑材料制成的各种形状的桩，然后用打桩设备将预制好的桩沉入地基土中。灌注桩是在设计桩位上先成孔，然后放入钢筋骨架，再浇筑混凝土而成的桩。灌注桩按成孔方法的不同，分为泥浆护壁成孔灌注桩、干作业钻孔灌注桩、人工挖孔灌注桩、沉管灌注桩等。

一、钢筋混凝土预制桩施工

钢筋混凝土预制桩是在预制构件厂或施工现场预制，用沉桩设备在设计位置将其沉入土中。其特点是：坚固耐久，不受地下水或潮湿环境影响，能承受较大荷载，施工机械化程度高，进度快，能适应不同土层施工。

钢筋混凝土预制桩有方形实心断面桩和圆柱体空心断面桩。

方桩截面边长多为 250~550mm，如在工厂制作，长度不宜超过 12m；如在现场预制，长度不宜超过 30m。桩的接头不宜超过两个。

管桩直径多为 400~600mm，壁厚 80~100mm，每节长度 8~10m，用法兰连接，桩的接头不宜超过 4 个，下节桩底端可设桩尖，亦可以是开口的。

目前最常用的预制桩是预应力混凝土管桩。它是一种细长的空心等截面预制混凝土构件，是在工厂经先张预应力、离心成型、高压蒸养等工艺生产而成的。管桩按桩身混凝土强度等级的不同分为 PC 桩（C60，C70）和 PHC 桩（C80）；按桩身抗裂弯矩的大小分为 A 型、AB 型和 B 型（A 型最大，B 型最小）；外径有 300，400，500，550 和 600mm，壁厚为 65~125mm，常用节长 7~12m，特殊节长 4~5m。

钢筋混凝土预制桩施工前，应根据施工图设计要求、桩的类型、成孔过程对土的挤压情况、地质探测和试桩等资料，制订施工方案。一般的施工程序如图 3-14 所示。

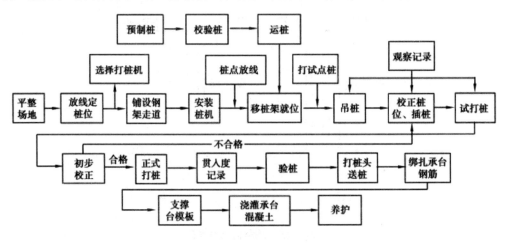

图 3-14 预制桩施工程序图

（一）打桩前的准备

桩基础工程在施工前，应根据工程规模的大小和复杂程度，编制整个分部工程施工组织设计或施工方案。沉桩前，现场准备工作的内容有处理障碍物、平整场地、抄平放线、铺设水电管网、沉桩机械设备的进场和安装以及桩的供应等。

1. 处理障碍物

打桩施工前，应认真处理影响施工的高空、地上和地下的障碍物。必要时可与城市管理、供水、供电、煤气、电信、房管等有关单位联系，对施工现场周围（一般为 10m 以内）的建筑物、驳岸、地下管线等做全面检查，予以加固，采取隔振措施或拆除。

2. 场地平整

施工场地应平整、坚实（坡度不大于 10%），必要时宜铺设道路，经压路机碾压密实，场地四周应设置排水措施。

3. 抄平放线定桩位

依据施工图设计要求，把桩基定位轴线桩的位置在施工现场准确地测定出来，并做出明显的标志（用小木桩或撒白石灰点标出桩位，或用设置龙门板拉线法确定桩位）。在打桩现场附近设置 2~4 个水准点，用以抄平场地和作为检查桩入土深度的依据。桩基轴线的定位点及水准点应设置在不受打桩影响的地方。正式打桩之前，应对桩基的轴线和桩位复查一次，以免因小木桩挪动、丢失而影响施工。

4. 进行打桩试验

施工前应做数量不少于 2 根桩的打桩工艺试验，用以了解桩的沉入时间、最终沉入度、持力层的强度、桩的承载力以及施工过程中可能出现的各种问题和反常情况等，以便检验所选的打桩设备和施工工艺，确定是否符合设计要求。

5. 确定打桩顺序

打桩顺序直接影响到桩基础的质量和施工速度，应根据桩的密集程度（桩距大小），桩的规格、长短，桩的设计标高、工作面布置、工期要求等综合考虑，合理确定打桩顺序。根据桩的密集程度，打桩顺序一般分为逐排打设、自中部向四周打设和由中间向两侧打设 3 种，如图 3-15 所示。当桩布置较密时（桩中心距不大于 4 倍桩的直径或边长），应由中间向两侧对称施打或由中间向四周施打；当桩布置较疏时（桩中心距大于 4 倍桩的边长或直径），可采用上述两种打法，或逐排单向打设。

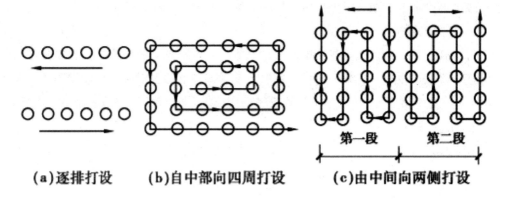

(a)逐排打设　　(b)自中部向四周打设　　(c)由中间向两侧打设

图 3-15　打桩顺序

根据基础的设计标高和桩的规格，宜按先深后浅、先大后小、先长后短的顺序进行打桩。但一侧毗邻建筑物时，应由毗邻建筑物处向另一方向施打。

6.其他准备

其他准备包括桩帽、垫衬和打桩设备机具准备。

（二）桩的制作、运输、堆放

1.桩的制作

较短的桩多在预制厂生产，较长的桩一般在打桩现场附近或打桩现场就地预制。

桩分节制作时，单节长度的确定应满足桩架的有效高度、制作场地条件、运输与装卸能力的要求，同时应避免桩尖接近硬持力层或桩尖处于硬持力层中接桩，上节桩和下节桩应尽量在同一纵轴线上预制，使上下节钢筋和桩身减少偏差。

制桩时，应做好浇筑日期、混凝土强度、外观检查、质量鉴定等记录，以供验收时查用。每根桩上应标明编号、制作日期，如不预埋吊环，则应标明绑扎位置。

2.桩的运输

混凝土预制桩达到设计强度 70% 方可起吊，达到 100% 后方可进行运输。如提前吊运，必须验算合格。桩在起吊和搬运时，吊点应符合设计规定，如无吊环，设计又未作规定时，绑扎点的数量及位置按桩长而定，应符合起吊弯矩最小的原则，可按图 3-16 所示位置捆绑。钢丝绳与桩之间应加衬垫，以免损坏棱角。起吊时应平稳提升，吊点同时离地，如要长距离运输，可采用平板拖车或轻轨平板车。长桩搬运时，桩下要设置活动支座。经过搬运的桩，还应进行质量复查。

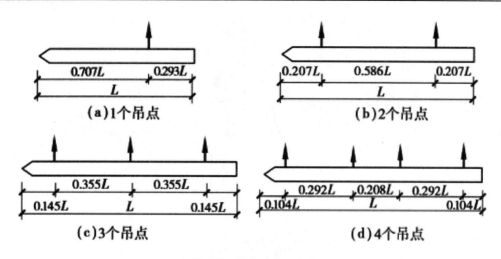

图 3-16 吊点的合理位置

3. 桩的堆放

桩堆放时，地面必须平整、坚实，垫木间距应根据吊点确定，各层垫木应位于同一垂直线上，最下层垫木应适当加宽，堆放层数不宜超过 4 层。不同规格的桩，应分别堆放。

（三）锤击沉桩施工

混凝土预制桩的沉桩方法有锤击沉桩、静力压桩、振动沉桩等。锤击沉桩也称打入桩（图 3-17），是利用桩锤下落产生的冲击能量将桩沉入土中。锤击沉桩是混凝土预制桩最常用的沉桩方法。

1. 打桩设备及选择

打桩所用的机具设备主要包括桩锤、桩架及动力装置。

（1）桩锤：把桩打入土中的主要机具，有落锤、汽锤（单动汽锤和双动汽锤）、柴油桩锤、振动桩锤等。桩锤的类型应根据施工现场情况、机具设备条件及工作方式和工作效率等条件来选择；桩锤的重量一般根据桩重和土质的沉桩难易程度选择，宜选择重锤低击。

（2）桩架：支持桩身和桩锤，在打桩过程中引导桩的方向及维持桩的稳定，并保证桩锤沿着所要求方向冲击桩体的设备。桩架一般由底盘、导向杆、起吊设备、撑杆等组成。

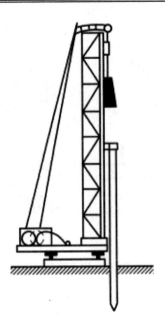

图 3-17　打入桩施工示意图

桩架的形式多种多样，常用的桩架有两种基本形式：一种是沿轨道行驶的多能桩架，另一种是装在履带底盘上的履带式桩架。多能桩架由定柱、斜撑、回转工作台、底盘及传动机构组成。它的机动性和适应性很大，在水平方向可作360°回转，导架可以伸缩和前后倾斜，底座下装有铁轮，底盘在轨道上行走。这种桩架适用于各种预制桩及灌注桩施工。履带式桩架以履带式起重机为主机，配备桩架工作装置组成。这种桩架操作灵活、移动方便，适用于各种预制桩和灌注桩的施工。

桩架的选用应根据桩的长度、桩锤的类型及施工条件等因素确定。通常，桩架的高度＝桩长＋桩锤高度＋桩帽高度＋滑轮组高度＋桩锤位移高度。

（3）打桩机械的动力装置：根据所选桩锤而定，主要有卷扬机、锅炉、空气压缩机等。当采用空气锤时，应配备空气压缩机；当选用蒸汽锤时，则要配备蒸汽锅炉和卷扬机。

2.打桩工艺

（1）吊桩就位。按既定的打桩顺序，先将桩架移至桩位处并用缆风绳拉牢，然后将桩运至桩架下，利用桩架上的滑轮组，由卷扬机提升桩。当桩提升至直立状态后，即可将桩送入桩架的龙门导管内，同时把桩尖准确地安放到桩位上，并与桩架导管相连接，以保证打桩过程中不发生倾斜或移动。桩插入时垂直偏差不得超过0.5%。桩就位后，为了防止击碎桩顶，在桩锤与桩帽、桩帽与桩之间应放上硬木、粗草纸或麻袋等桩垫作为缓冲层，桩帽与桩顶四周应留5~10mm的间隙，如图3-18所示。然后进行检查，当桩身、桩帽和桩锤在同一轴线上时即可开始打桩。

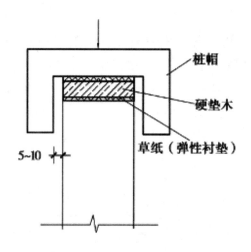

图 3-18　自落锤桩帽构造示意图

（2）打桩。打桩时采用"重锤低击"可取得良好的效果，这是因为这样桩锤对桩头的冲击小，回弹也小，桩头不易损坏，大部分能量都用于克服桩身与土的摩阻力和桩尖阻力上，桩就能较快地沉入土中。

初打时地层软，沉降量较大，宜低锤轻打，随着沉桩加深（1~2m），速度减慢，再酌情增加起锤高度，要控制锤击应力。打桩时应观察桩锤回弹情况，如经常回弹较大时则说明锤太轻，不能使桩下沉，应及时更换。至于桩锤的落距以多大为宜，根据实践经验，一般情况下，单动汽锤以 0.6m 左右为宜，柴油锤不超过 1.5m，落锤不超过 1.0m 为宜。打桩时要随时注意贯入度变化情况，当贯入度骤减，桩锤有较大回弹时，表示桩尖遇到障碍，此时应将桩锤落距减小，加快锤击。如上述情况仍存在，则应停止锤击，查其原因进行处理。

在打桩过程中，如突然出现桩锤回弹、贯入度突增，锤击时桩弯曲、倾斜、颤动、桩顶破坏加剧等情况，则表明桩身可能已破坏。

打桩最后阶段，沉降太小时，要避免硬打，如难沉下，要检查桩垫、桩帽是否适宜，需要时可更换或补充软垫。

（3）接桩。预制桩施工中，由于受场地、运输及桩机设备等限制，而将长桩分为多节进行制作。混凝土预制方桩接头数量不宜超过 2 个，预应力管桩接头数量不宜超过 4 个。接桩时要注意新接桩节与原桩节的轴线一致。目前预制桩的接桩工艺主要有硫黄胶泥浆锚法、电焊接桩和法兰螺栓接桩 3 种。前一种适用于软弱土层，后两种适用于各类土层。

（4）打入末节桩体。

a.送桩。设计要求送桩时，送桩器（杆）的中心线应与桩身吻合一致方能送桩。

送桩器（杆）下端宜设置桩垫，要求厚薄均匀。若桩顶不平可用麻袋或厚纸垫平。送桩留下的桩孔应立即回填密实。

b. 截桩。在打完各种预制桩开挖基坑时，按设计要求的桩顶标高将桩头多余的部分截去。截桩头时不能破坏桩身，要保证桩身的主筋伸入承台，长度应符合设计要求。当桩顶标高在设计标高以下时，在桩位上挖成喇叭口，凿掉桩头混凝土，剥出主筋并焊接接长至设计要求长度，与承台钢筋绑扎在一起，用桩身同强度等级的混凝土与承台一起浇筑接长桩身，如图3-19所示。

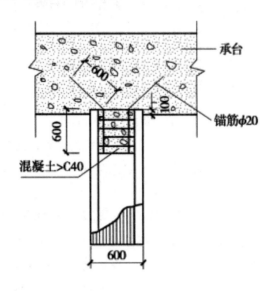

图3-19　桩头处理

（四）静力压桩施工

静力压桩是在软土地基上，利用静力压桩机或液压压桩机用无振动的静压力（自重和配重）将预制桩压入土中的一种工艺。静力压桩已在我国沿海软土地基上较为广泛地采用，与普通的打桩和振动沉桩相比，压桩可以消除噪声和振动的公害，故特别适用于医院和有防震要求部门附近的施工。

静力压桩机（图3-20）的工作原理：通过安置在压桩机上的卷扬机的牵引，由钢丝绳、滑轮及压梁，将整个桩机的自重力（800~1500kN）反压在桩顶上，以克服桩身下沉时与土的摩擦力，迫使预制桩下沉。桩架高度10~40m，压入桩长度已达37m，桩断面为400mm×400mm~500mm×500mm。

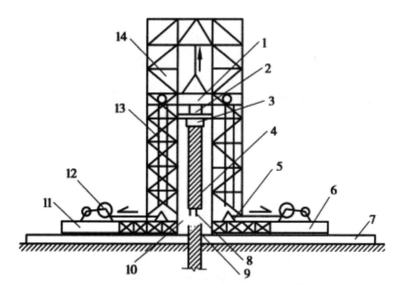

图 3-20　静力压桩机示意图

1—活动压梁；2—油压表；3—桩帽；4—上段桩；5—加重物仓；6—底盘；7—轨道；8—上段接桩锚筋；9—下段桩；10—桩架；11—底盘；12—卷扬机；13—加压钢绳滑轮组；14—桩架导向笼。

现较多采用 WYJ-200 型和 WYJ-400 型压桩机，静压力有 2000kN 和 4000kN 两种，单根制桩长度可达 20m。压桩施工，一般情况下都采取分段压入，逐段接长的方法。接桩的方法目前有焊接法、法兰接法和浆锚法 3 种。

焊接法接桩（图 3-21）时，必须对准下节桩并垂直无误后，用点焊将拼接角钢连接固定，再次检查位置正确后方可正式焊接。施焊时，应两人同时对角对称地进行，以防止节点变形不均匀而引起桩身歪斜。焊缝要连续饱满。

浆锚法接桩（图 3-22）时，首先将上节桩对准下节桩，使 4 根锚筋插入锚筋孔中（直径为锚筋直径的 2.5 倍），下落压梁并套住桩顶，然后将桩和压梁同时上升约 200mm（以 4 根锚筋不脱离锚筋孔为度）。此时，安设好施工夹箍（施工夹箍由 4 块木板，内侧用人造革包裹 40mm 厚的树脂海绵块而成），将熔化的硫黄胶泥注满锚筋孔内和接头平面上，然后将上节桩和压梁同时下落，当硫黄胶泥冷却并拆除施工夹箍后，即可继续加荷施压。

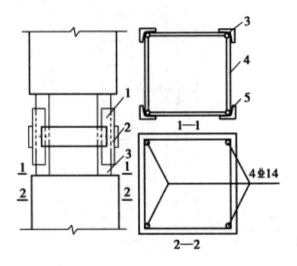

图 3-21 焊接法接桩节点构造

1—拼接角钢；2—连接钢板；3—钢筋；4—箍筋；5—焊缝。

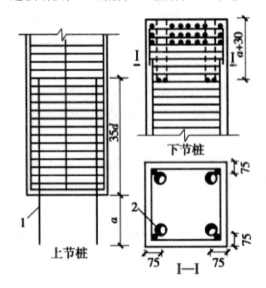

图 3-22 浆锚法接桩节点构造

1—锚筋；2—锚筋孔。

为保证接桩质量，应做到：锚筋应刷净并调直；锚筋孔内应有完好螺纹，无积水、杂物和油污；接桩时接点的平面和锚筋孔内应灌满胶泥；灌注时间不得超过 2min；灌注后停歇时间应符合有关规定。

（五）其他沉桩方法

1. 水冲沉桩法

水冲沉桩法是锤击沉桩的一种辅助方法。它是利用高压水流经过桩侧面或空心管内部的射水管冲击桩尖附近土层，便于锤击沉桩。一般是边冲水边打桩，当沉桩至最后 1~2m 时停止冲水，用锤击至规定标高。水冲法适用于砂土和碎石土，有时对于特别长的预制桩，单靠锤击有一定困难时，亦用水冲法辅助之。

2.振动法沉桩法

振动法沉桩是利用振动机，将桩与振动机连接在一起，振动机产生的振动力通过桩身使土体振动，使土体的内摩擦角减小、强度降低而将桩沉入土中。此法在砂土中效率最高。

二、灌注桩施工

混凝土灌注桩是直接在施工现场的桩位上成孔，然后在孔内安装钢筋笼，浇筑混凝土成桩。与预制桩相比，灌注桩具有不受地层变化限制，不需要接桩和截桩，节约钢材、振动小、噪声小等特点，但施工工艺复杂，影响质量的因素多。灌注桩按成孔方法分为钻孔灌注桩、人工挖孔灌注桩、沉管灌注桩等。

（一）灌注桩施工准备工作

1.确定成孔施工顺序

（1）对土没有挤密作用的钻孔灌注桩和干作业成孔灌注桩，应结合施工现场条件，按桩机移动的原则确定成孔顺序。

（2）对土有挤密作用和振动影响的冲孔灌注桩、沉管灌注桩、爆扩孔桩等，为保证邻桩不受影响造成事故，一般可结合现场施工条件确定成孔顺序：间隔 1 个或 2 个桩位成孔；在邻桩混凝土初凝前或终凝后成孔；5 根以上单桩组成的群桩基础，中间的桩先成孔，外围的桩后成孔;同一个桩基础的爆扩灌注桩，可采用单爆或联爆法成孔。

（3）人工挖孔桩，当桩净距小于 2 倍桩直径且小于 2.5m 时，桩应采用间隔开挖。排桩跳挖的最小净距不得小于 4.5m，孔深不宜大于 40m。

2.桩孔结构的控制

桩孔结构的要素是桩孔直径、桩孔深度、护筒的直径和长度及其与地下水位的对应关系。

（1）桩孔直径的偏差应符合规范规定，在施工中，如桩孔直径偏小，则不能满足设计要求（桩承载力不够）；如直径偏大，则使工程成本增加，影响经济效益。对桩孔直径的检测，一般可用自制的一根长 3m、外径等于桩直径的圆管或钢筋笼下入孔内。如果能顺利下入，则保证了孔径不小于设计尺寸，同时又检测了孔形，并保证了孔的垂直度误差。对于桩孔位偏差，在检测点和施工时，要从严控制，在施工开始、中间、终孔都应用经纬仪测定。

（2）桩孔深度应根据桩型来确定控制标准。对桩孔的深度，一般先以钻杆和钻具粗挖，再以标准测量绳吊铊测量。对孔底沉渣，常用检测方法是：用两根标准测绳，一根吊以 3kg 重的钢锥，另一根吊以平底铊，下入孔底，这两根测绳长度之差即为沉渣厚度。

（3）护筒的位置主要取决于地层的稳定情况和地下水位的位置。

3. 钢筋笼的制作

（1）钢筋笼制作的准备工作：

①先对钢筋除污和除锈、调直。

②为便于吊装运输，钢筋笼制作长度不宜超过 8m，如较长，应分段制作。两段钢筋笼的连接应采用焊接，焊接方法和接头长度应符合设计要求或有关规范的规定。

（2）钢筋笼的制作：制作钢筋笼，可采用专用工具，人工制作。首先计算主筋长度并下料，弯制加强箍和缠绕筋，然后焊制钢筋笼。先将加强箍与主筋焊接，再焊接缠绕筋。制作钢筋笼时，要求主筋环向均匀布置，箍筋的直径及间距、主筋的保护层、加强箍的间距等均应符合设计规定。焊好钢筋笼后，在钢筋笼的上、中、下部的同一横截面上，应对称设置 4 个钢筋"耳环"或混凝土垫块，并应在吊放前进行垂直校直。

（3）钢筋笼的运输、吊装：钢筋笼在运输、吊装过程中，要防止钢筋扭曲变形（可在钢筋笼上绑扎直木杆）。吊放入孔内时，应对准孔位慢放，严禁高起猛落，强行下放，防止倾斜、弯折或碰撞孔壁。为防止钢筋笼上浮，可采用叉杆对称地点焊在孔口护筒上。

4. 混凝土的配制

混凝土所用粗骨料可选用卵石和碎石，但应优先选用卵石，其最大粒径，钢筋混凝土桩不宜大于 50mm，并不得大于钢筋最小净距的 1/3；对于素混凝土桩，不得大于桩径的 1/4，一般以不大于 70mm 为宜。细骨料应选用级配合理、质地坚硬、洁净的中粗砂，每立方混凝土的水泥用量不小于 350kg。混凝土中可掺入外加剂，从而改善或赋予混凝土某些性能，但必须符合有关要求。

5. 混凝土的浇筑

桩孔检查合格后，应尽快灌注混凝土。灌注桩可根据实际情况，选用如下几种灌注方法：导管法，该法可用于孔内水下灌注；串筒法，该法用于孔内无水或渗水量小时的灌注；混凝土泵，用于混凝土量大的灌注。

灌注混凝土时，桩顶灌注标高应超过桩顶设计标高 1.0m 以上，混凝土充盈系数不应小于 1.0，在 1.0~1.3 较为合适。灌注时环境温度低于 0℃时，混凝土应采取保温措施。灌注过程中，应由专人做好记录。

桩身混凝土必须留有试件，直径大于 1m 的深桩，每根桩应不少于 1 组试块，每个浇筑台班不得少于 1 组。做试块时，应进行反复插捣，使试块密实，表面应抹平。一般在养护 8~12h 后即可脱模养护。冬天可放入地窖中，夏天可放入水池中。在施工现场养护混凝土试块时，难度较大，一定要加强养护。

（二）钻孔灌注桩

钻孔灌注桩是指利用钻孔机械钻出桩孔，并在孔中浇筑混凝土（或先在孔中吊放钢筋笼）而成的桩。根据钻孔机械的钻头是否在土壤的含水层中施工，钻孔灌注桩又分为泥浆护壁成孔和干作业成孔两种施工方法。

1. 泥浆护壁成孔灌注桩

泥浆护壁成孔是利用原土自然造浆或人工造浆浆液进行护壁，通过循环泥浆将被钻头切下的土块携带排出孔外成孔，然后安装绑扎好的钢筋笼，导管法水下灌注混凝土沉桩。此法适用于任何地下水的土层，但在岩溶发育地区慎用。

（1）施工工艺流程。泥浆护壁成孔灌注桩施工工艺流程，如图 3-23 所示。

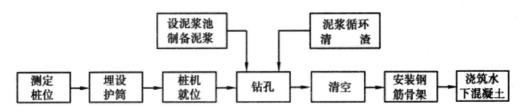

图 3-23　泥浆护壁成孔灌注桩工艺流程

（2）施工准备。

①埋设护筒：护筒是用 4~8mm 厚钢板制成的圆筒，其内径应大于钻头直径 100mm，其上部宜开设 1~2 个溢浆孔（图 3-24）。护筒的作用是固定桩孔位置，防止地面水流入，保护孔口，增高桩孔内水压力，防止塌孔和成孔时引导钻头方向。

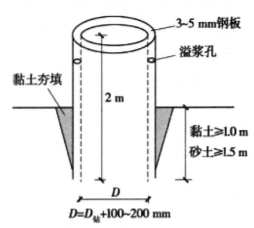

图 3-24　护筒埋设示意图

　　埋设护筒时，先挖去桩孔处地表土，将护筒埋入土中，保证其位置准确、稳定。护筒中心与桩位中心的偏差不得大于 50mm，护筒与坑壁之间用黏土填实，以防漏水。护筒的埋设深度，在黏土中不宜小于 1.0m，在砂土中不宜小于 1.5m。护筒顶面应高于地面 0.4~0.6m，并应保持孔内泥浆面高出地下水位 1m 以上，在受水位涨落影响时，泥浆面应高出最高水位 1.5m 以上。

　　②制备泥浆：泥浆由水、黏土、化学处理剂和一些惰性物质组成。泥浆在桩孔内吸附在孔壁上，将土壁上孔隙填渗密实，避免孔内壁漏水，保持护筒内水压稳定；同时，泥浆在孔外受压差的作用，部分水渗入地层，在地层表面形成一层固体颗粒的胶结物——泥饼。性能良好的泥浆，失水量小，泥饼薄而韧密，具有较强的黏结力，可以稳固土壁，防止塌孔；泥浆有一定黏度，通过循环泥浆可将切削碎的泥石渣屑悬浮后排出，起到携砂、排土的作用；同时，泥浆对钻头有冷却和润滑作用，保证钻头和钻具保持冷却和在孔内顺利起落。

　　制备泥浆的方法：在黏性土中成孔时可在孔中注入清水，钻机旋转时，切削土屑与水旋伴，用原土造浆，泥浆相对密度应控制在 1.1~1.2；在其他土中成孔时，泥浆制备应选用高塑性黏土或膨润土；在砂土和较厚的夹砂层中成孔时，泥浆相对密度应控制在 1.2~1.4。施工中应经常测定泥浆相对密度，并定期测定黏度、含砂率和胶体率等指标。

　　（3）成孔。桩架安装就位后，挖泥浆槽、沉淀池，接通水电，安装水电设备，制备要求相对密度的泥浆。用第一节钻杆（每节钻杆长约 5m，按钻进深度用钢销连接）接好钻机，另一端接上钢丝绳，吊起潜水钻对准埋设的护筒，悬离地面，先空钻然后慢慢钻入土中；注入泥浆，待整个潜水钻入土后，观察机架是否垂直平稳，检查钻杆是否平直，再正常钻进。

　　泥浆护壁成孔灌注桩成孔方法按成孔机械分类，有钻机成孔（回转钻机成孔、潜水钻机成孔、冲击钻机成孔）和冲抓锥成孔，其中以钻机成孔应用最多。

　　①回转钻机成孔。回转钻机是由动力装置带动钻机回转装置转动，再由其带动带有钻头的钻杆移动，由钻头切削土层，适用于地下水位较高的软、硬土层，如淤泥、黏性土、砂土、软质岩层。

　　回转钻机的钻孔方式根据泥浆循环方式的不同，分为正循环回转钻机成孔和反循环回转钻机成孔。正循环回转钻机成孔的工艺如图 3-25 所示。由空心钻杆内部通入泥浆或高压水，从钻杆底部喷出，携带钻下的土渣沿孔壁向上流动，由孔口将土渣带出流入泥浆池。反循环回转钻机成孔的工艺如图 3-26 所示。泥浆带渣流动的方向与正循环回转钻机成孔的情形相反。反循环工艺的泥浆上流速度较高，能携带较大的土渣。

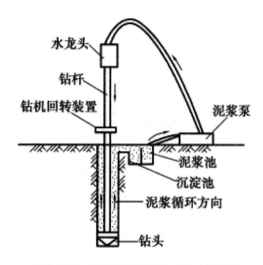

图 3-25　正循环回转钻机成孔工艺原理

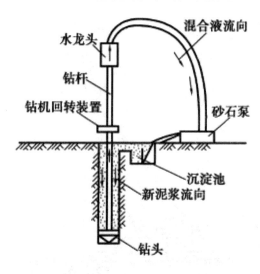

图 3-26　反循环回转钻机成孔工艺原理

②潜水钻机成孔。潜水钻机成孔示意图如图 3-27 所示。潜水钻机是一种将动力、变速机构、钻头连在一起加以密封，潜入水中工作的一种体积小而轻的钻机。这种钻机的钻头有多种形式，以适应不同桩径和不同土层的需要，钻头可带有合金刀齿，靠电机带动刀齿旋转切削土层或岩层。钻头靠桩架悬吊吊杆定位，钻孔时钻杆不旋转，仅钻头部分放置切削下来的泥渣并通过泥浆循环排出孔外。

③冲击钻机成孔。冲击钻机通过机架、卷扬机把带刃的重钻头（冲击锤）提高到一定高度，靠自由下落的冲击力切削破碎岩层或冲击土层成孔，如图 3-28 所示。部分碎渣和泥浆挤压进孔壁，大部分碎渣用掏渣筒掏出。此法设备简单、操作方便，对于有孤石的砂卵石岩、坚质岩、岩层均可成孔。

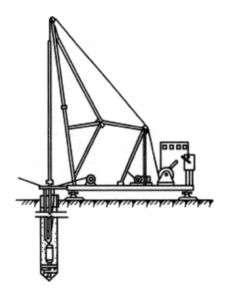

图 3-27 潜水钻机钻孔示意图

图 3-28 简易冲击钻孔机示意图

冲击钻头有十字形、工字形、人字形等，常用十字形冲击钻头。在钻头锥顶与提升钢丝绳间设有自动转向装置，冲击锤每冲击一次转动一个角度，从而保证桩孔冲成圆孔。

④冲抓锥成孔。冲抓锥（图 3-29）锥头上有一重铁块和活动抓片，通过机架和卷扬机将冲抓锥提升到一定高度，下落时松开卷筒刹车，抓片张开，锥头便自由下落冲入土中，然后开动卷扬机提升锥头，这时抓片闭合抓土。冲抓锥整体提升至地面上卸去土渣，依次循环成孔。

（4）清孔。成孔后，即进行验孔和清孔。验孔是用探测器检查桩位、直径、深度和孔道情况；清孔即清除孔底沉渣、淤泥浮土，以减少桩基的沉降量，提高承载能力。

泥浆护壁成孔清孔时，对于土质较好不易坍塌的桩孔，可用空气吸泥机清孔，气压为 0.5MPa，使管内形成强大高压气流向上涌，同时不断地补足清水，被搅动的泥渣随气流上涌从喷口排出，直至喷出清水为止。对于稳定性较差的孔壁，应采用泥浆循环法清孔或抽筒排渣，清孔后的泥浆相对密度应控制在 1.15~1.25；原土造浆的孔，清孔后泥浆相对密度应控制在 1.1 左右。清孔时，必须及时补充足够的泥浆，并保持浆面稳定。

（5）水下浇筑混凝土。在灌注桩、地下连续墙等基础工程中，常要直接在水下浇筑混凝土。其方法是利用导管输送混凝土并使之与环境水隔离，依靠管中混凝土的自重，使管口周围的混凝土在已浇筑的混凝土内部流动、扩散，以完成混凝土的浇筑工作，如图 3-30 所示。

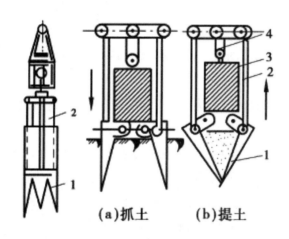

图 3-29 冲抓锥头

1—抓片；2—连杆；3—压重；4—滑轮组

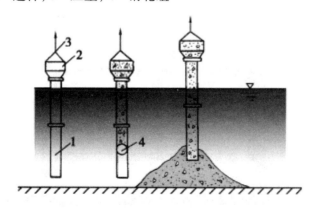

图 3-30 导管法浇筑水下混凝土示意图

1—导管；2—承料漏斗；3—提升机具；4—球塞

施工时，先将导管放入孔中（其下部距离底面约100mm），用麻绳或铅丝将球塞悬吊在导管内水位以上0.2m（塞顶铺2~3层稍大于导管内径的水泥纸袋，再散铺一些干水泥，以防混凝土中骨料卡住球塞），然后浇入混凝土，当球塞以上导管和承料漏斗装满混凝土后，剪断球塞吊绳，混凝土靠自重推动球塞下落，冲向基底，并向四周扩散。球塞冲出导管，浮至水面，可重复使用。冲入基底的混凝土将管口包住，形成混凝土堆。同时不断地将混凝土浇入导管中，管外混凝土面不断被管内的混凝土挤压而上升。随着管外混凝土面的上升，导管也逐渐提高（到一定高度，可将导管顶段拆下）。但不能提升过快，必须保证导管下端始终埋入混凝土内，其最大埋置深度不宜超过5m。混凝土浇筑的最终高程应高于设计标高约100mm，以便清除强度低的表层混凝土（清除应在混凝土强度达到2~2.5 N/mm² 后方可进行）。

导管由每段长度为2.5~3.0m（脚管为2~3m）、管径200~250mm、壁厚不小于3mm的钢管用法兰盘加止水胶垫用螺栓连接而成。承料漏斗位于导管顶端，漏斗上方装有振动设备以防混凝土在导管中阻塞。提升机具用来控制导管的提升与下降，常用的提升机具有卷扬机、电动葫芦、起重机等。球塞可用软木、橡胶、泡沫塑料等制成，其直径比导管内径小15~20mm。

每根导管的作用半径一般不大于3m，所浇混凝土覆盖面积不宜大于30m²，当面积过大时，可用多根导管同时浇筑。混凝土浇筑应从最深处开始，相邻导管下口的标高差不应超过导管间距的1/20~1/15，并保证混凝土表面均匀上升。

导管法浇筑水下混凝土的关键：一是保证混凝土的供应量大于导管内混凝土必须保持的高度和开始浇筑时导管埋入混凝土堆内必需的埋置深度所要求的混凝土量；二是严格控制导管提升高度，且只能上下升降，不能左右移动，以避免造成管内返水事故。

2. 干作业成孔灌注桩

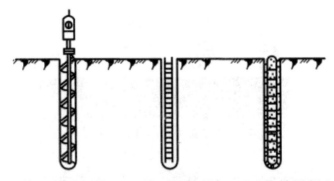

(a)钻孔机进行钻　(b)放入钢筋骨架　(c)浇筑混凝土

图3-31　螺旋钻孔机钻孔灌注桩施工过程示意图

干作业成孔灌注桩是先用钻孔机在桩位处进行钻孔，然后在桩孔内放入钢筋骨架，再灌筑混凝土而成桩。其施工过程如图 3-31 所示。

干作业成孔一般采用螺旋钻孔机钻孔。螺旋钻机根据钻杆形式不同可分为整体式螺旋、装配式长螺旋和短螺旋 3 种。螺旋钻杆是一种动力旋动钻杆，它是使钻头的螺旋叶旋转削土，土块由钻头旋转上升而带出孔外。螺旋钻头外径分别为 $\phi400mm$，$\phi500mm$，$\phi600mm$，钻孔深度相应为 12m，10m，8m。适用于成孔深度内没有地下水的一般黏土层、砂土及人工填土地基，不适于有地下水的土层和淤泥质土。

干作业成孔灌注桩的施工工艺为：螺旋钻孔机就位对中→钻进成孔、排土→钻至预定深度，停钻→起钻，测孔深、孔斜、孔径→清理孔底虚土→钻孔机移位→安放钢筋笼→安放混凝土溜筒→灌注混凝土成桩→桩头养护。

钻孔机就位后，钻杆垂直对准桩位中心，开钻时先慢后快，减少钻杆的摇晃，及时纠正钻孔的偏斜或位移。钻孔时，螺旋刀片旋转削土，削下的土沿整个钻杆螺旋叶片上升而涌出孔外，钻杆可逐节接长直至钻到设计要求规定的深度。在钻孔过程中，若遇到硬物或软岩，应减速慢钻或提起钻头反复钻，穿透后再正常进钻。在砂卵石、卵石或淤泥质土夹层中成孔时，这些土层的土壁不能直立，易造成塌孔，这时钻孔可钻至塌孔下 1~2m 以内，用低强度等极细石混凝土回填至塌孔 1m 以上，待混凝土初凝后，再钻至设计要求深度；也可用 3：7 夯实灰土回填代替混凝土处理。

钻孔至规定要求深度后，孔底一般都有较厚的虚土，需要进行专门处理。清孔的目的是将孔内的浮土、虚土取出，减少桩的沉降。常用的方法是采用 25~30kg 的重锤对孔底虚土进行夯实，或投入低坍落度素混凝土，再用重锤夯实；或是钻孔机在原深处空转清土，然后停止旋转，提钻卸土。

用导向钢筋将钢筋骨架送入孔内，同时防止泥土杂物掉进孔内。钢筋骨架就位后，应立即灌注混凝土，以防塌孔。灌注时，应分层浇筑、分层捣实，每层厚度 50~60cm。

（三）人工挖孔灌注桩

人工挖孔灌注桩是采用人工挖掘方法成孔，然后放置钢筋笼，浇筑混凝土而成的桩基础。其施工特点是：设备简单、无噪声、无振动、不污染环境，对施工现场周围原有建筑物的影响小；施工速度快，可按施工进度要求决定同时开挖桩孔的数量，必要时各桩孔可同时施工；土层情况明确，可直接观察到地质变化，桩底沉渣能清除干净，施工质量可靠。尤其当高层建筑选用大直径的灌注桩，而施工现场又在狭窄的市区时，采用人工挖孔比机械挖孔具有更大的适应性。但其缺点是人工耗量大、开挖效率低、安全操作条件差等。

施工时，为确保挖土成孔施工安全，必须考虑预防孔壁坍塌和流沙现象发生的措施。因此，施工前应根据地质水文资料，拟订出合理的护壁措施和降排水方案。护壁方法有很多，可以采用现浇混凝土护壁、沉井护壁、喷射混凝土护壁等。

1. 现浇混凝土护壁

现浇混凝土护壁法施工即分段开挖、分段浇筑混凝土护壁，既能防止孔壁坍塌，又能起到防水作用。现浇混凝土护壁施工工艺流程如图 3-32 所示。

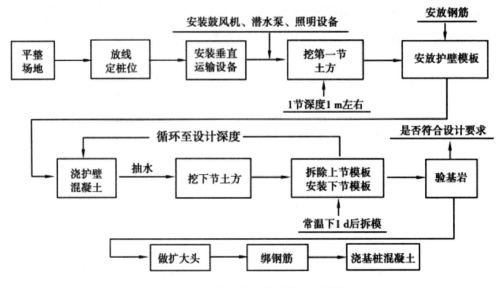

图 3-32　现浇混凝土护壁施工工艺流程

桩孔采取分段开挖，每段高度取决于土壁直立的能力，一般 0.5~1.0m 为一施工段，开挖井孔直径为设计桩径加混凝土护壁厚度。

护壁施工即支设护壁内模板（工具式活动钢模板）后浇筑混凝土，模板的高度取决于开挖土方施工段的高度，一般为 1m，由 4~8 块活动钢模板组合而成，支成有锥度的内模。内模支设后，吊放用角钢和钢板制成的两半圆形合成的操作平台入桩孔内，置于内模板顶部，以放置料具和浇筑混凝土操作之用。

当护壁混凝土强度达到 1MPa（常温下约 24h）时可拆除模板，开挖下段的土方，再支模浇筑护壁混凝土，如此循环，直至挖到设计要求的深度。

当桩孔挖到设计深度，并检查孔底土质是否已达到设计要求后，再在孔底挖成扩大头。待桩孔全部成型后，用潜水泵抽出孔底的积水，然后立即浇筑混凝土。当混凝土浇筑至钢筋笼的底面设计标高时，再吊入钢筋笼就位，并继续浇筑桩身混凝土而形成桩基。

2. 沉井护壁

当桩径较大、挖掘深度大、地质复杂、土质差（松软弱土层）且地下水位高时，应采用沉井护壁法挖孔施工。

沉井护壁施工是先在桩位上制作钢筋混凝土井筒，井筒下捣制钢筋混凝土刃脚，然后在筒内挖土掏空，井筒靠其自重或附加荷载来克服筒壁与土体之间的摩擦阻力，边挖边沉，使其垂直地下沉到设计要求深度。

（四）沉管灌注桩

沉管灌注桩是利用锤击打桩设备或振动沉桩设备，将带有钢筋混凝土的桩尖（或钢板靴）或带有活瓣式桩靴的钢管沉入土中（钢管直径应与桩的设计尺寸一致），形成桩孔，然后放入钢筋骨架并浇筑混凝土，随之拔出套管，利用拔管时的振动将混凝土捣实，便形成所需要的灌注桩。利用锤击沉桩设备沉管、拔管成桩，称为锤击沉管灌注桩；利用振动器振动沉管、拔管成桩，称为振动沉管灌注桩。

在沉管灌注桩施工过程中，对土体有挤密作用和振动影响，施工中应结合现场施工条件，考虑成孔的顺序，即间隔一个或两个桩位成孔；在邻桩混凝土初凝前或终凝后成孔；一个承台下桩数在 5 根以上者，中间的桩先成孔，外围的桩后成孔。

为了提高桩的质量和承载能力，沉管灌注桩常采用单打法、复打法、反插法等施工工艺。单打法又称一次拔管法，拔管时每提升 0.5~1.0m，振动 5~10s，然后再拔管 0.5~1.0m，这样反复进行，直至全部拔出；复打法是在同一桩孔内连续进行两次单打，或根据需要进行局部复打，施工时应保证前后两次沉管轴线重合，并在混凝土初凝之前进行。反插法是钢管每提升 0.5~1.0m，再下插 0.3~0.5m，这样反复进行，直至全部拔出。施工时，注意及时补充套筒内的混凝土，使管内混凝土面保持一定高度并高于地面。

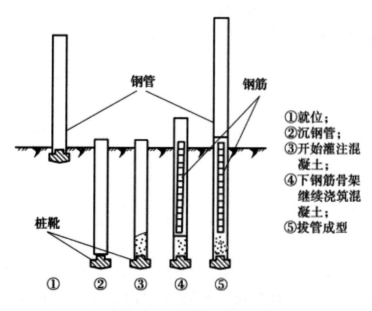

图 3-33 沉管灌注桩施工过程

1. 锤击沉管灌注桩

锤击沉管灌注桩适宜于一般黏性土、淤泥质土和人工填土，其施工过程如图 3-33 所示。施工工艺流程如图 3-34 所示。

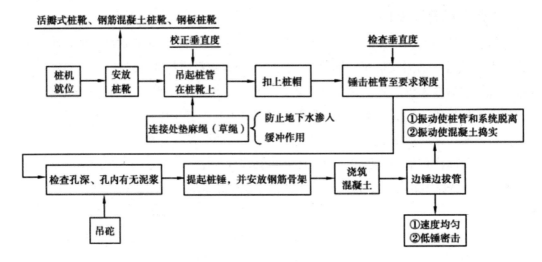

图 3-34　锤击沉管施工工艺流程

锤击沉管灌注桩施工要点：

（1）桩尖与桩管接口处应垫麻（或草绳）垫圈，以作缓冲层和防止地下水渗入管内。沉管时先用低锤锤击，观察无偏移后再正常施打。

（2）拔管前，应先锤击或振动套管，在测得混凝土确已流出套管时方可拔管。

（3）桩管内混凝土应尽量填满，拔管时要均匀，保持连续密锤轻击，并控制拔管速度，一般土层宜为 1m/min，软弱土层和软硬土层交界处宜为 0.3~0.8m/min，淤泥质软土不宜大于 0.8m/min。

（4）在管底未拔到桩顶设计标高前，倒打或轻击不得中断，注意使管内的混凝土保持略高于地面，并保持到全管拔出为止。

（5）桩的中心距在 5 倍桩管外径以内或小于 2m 时，均应跳打施工；中间空出的桩须待邻桩混凝土达到设计强度的 50% 以后方可施打。

2. 振动沉管灌注桩

振动沉管灌注桩采用激振器或振动冲击沉管。其施工过程为：

（1）桩机就位：将桩尖活瓣合拢对准桩位中心，利用振动器及桩管自重把桩尖压入土中。

（2）沉管：开动振动箱，桩管即在强迫振动下迅速沉入土中。沉管过程中，应经常探测管内有无水或泥浆，如发现水、泥浆较多，应拔出桩管，用砂回填桩孔后方可重新沉管。

（3）上料：桩管沉到设计标高后停止振动，放入钢筋笼，再上料斗将混凝土灌入桩管内，一般应灌满桩管或略高于地面。

（4）拔管：开始拔管时，应先启动振动箱8~10min，并用吊锤测得桩尖活瓣确已张开，混凝土确已从桩管中流出以后，卷扬机方可开始抽拔桩管，边振边拔。一般土层中拔管速度宜为1.2~1.5m/min，在软弱土层中拔管速度宜为0.6~0.8m/min。

第四节　地下连续墙施工

地下连续墙施工，即在工程开挖土方之前，用特制的挖槽机械在泥浆护壁的情况下，每次开挖一定长度（一个单元槽段）的沟槽，待开挖至设计深度并清除沉淀下来的泥渣后，将在地面上加工好的钢筋骨架（一般称为钢筋笼）用起重机械吊入充满泥浆的沟槽内，然后通过导管向沟槽内浇筑混凝土，由于混凝土是由沟槽底部开始逐渐向上浇筑，所以随着混凝土的浇筑，泥浆也被置换出来，待混凝土浇至设计标高后，一个单元槽段即施工完毕，如图3-35所示。各个槽段之间由特制的接头连接，便形成连续的地下钢筋混凝土墙。如呈封闭状，则工程开挖土方后，地下连续墙既可挡土又可止水，有利于地下工程和深基坑的施工。若将用作支护挡墙的地下连续墙又作为建筑物地下室或地下构筑物的结构外墙，即所谓的"两墙合一"，则经济效益更加显著。

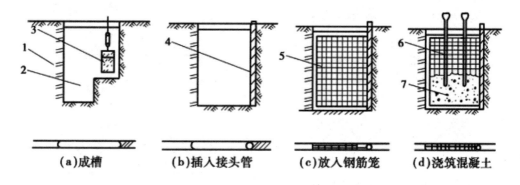

（a）成槽　　　（b）插入接头管　　　（c）放入钢筋笼　　　（d）浇筑混凝土

图3-35　地下连续墙施工过程示意图

1—已完成的单元槽段；2—泥浆；3—成槽机；4—接头管；5—钢筋笼；6—导管；7—浇筑的混凝土

一、构造处理

（一）混凝土强度及保护层

现浇钢筋混凝土地下连续墙，其设计混凝土强度等级不得低于 C30，考虑到在泥浆中浇筑，施工时要求提高到不得低于 C35。

混凝土保护层厚度根据结构的重要性、骨料粒径、施工条件及工程和水文地质条件而定。根据现浇地下连续墙是在泥浆中浇筑混凝土的特点，对于正式结构，其混凝土保护层厚度不应小于 70mm；对于用作支护结构的临时结构，则不应小于 40mm。

（二）接头设计

常用的施工接头有以下几种形式：

1.接头管（亦称锁口管）接头

这是目前地下连续墙施工中应用最多的一种接头形式。接头管接头的施工顺序如图 3-36 所示。

2.接头箱接头

接头箱接头可以使地下连续墙形成整体接头，是一种可用于传递剪力和拉力的刚性接头，接头的刚度较好，施工方法与接头管接头相似，只是以接头箱代替了接头管。

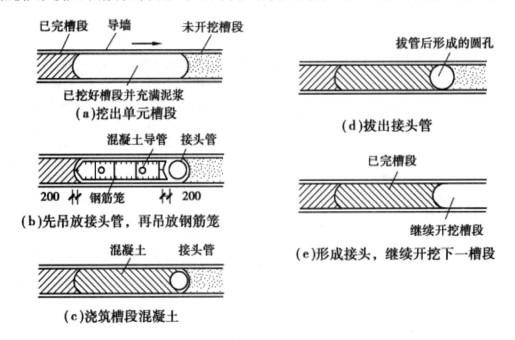

（a）挖出单元槽段

（b）先吊放接头管，再吊放钢筋笼

（c）浇筑槽段混凝土

（d）拔出接头管

（e）形成接头，继续开挖下一槽段

图 3-36 接头管接头的施工顺序

U 形接头管与滑板式接头箱施工的钢板接头，是另一种整体式接头的做法。它是在两相邻单元槽段的交界处利用U形接头管放入开有方孔且焊有封头钢板的接头钢板，以增强接头的整体性。U形接头管与滑板式接头的施工顺序如图3-37所示。

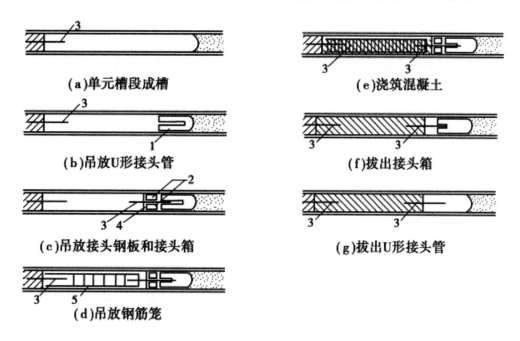

图3-37 U形接头管与滑板式接头的施工顺序

1—U形接头管；2—接头箱；3—接头钢板；4—封头钢板；5—钢筋笼

3. 隔板式接头

隔板的形状分为平隔板、榫形隔板和V形隔板。由于隔板与槽壁之间难免有缝隙，为防止新浇筑的混凝土渗入，要在钢筋笼的两边铺贴维尼龙等化纤布。化纤布可把单元槽段钢筋笼全部罩住，也可以只有2~3m宽。要注意吊入钢筋笼时不要损坏化纤布。

带有接头钢筋的榫形隔板式接头，能使各单元墙段形成一个整体，是一种较好的接头方式。但插入钢筋笼较困难，且接头处混凝土的流动亦受到阻碍，施工时要特别加以注意。

4. 结构接头

地下连续墙与内部结构的楼板、柱、梁、底板等连接的结构接头，常用的有预埋连接钢筋法、预埋连接钢板法和预埋钢筋锥螺纹接头法。

这些做法是将预埋件与钢筋笼固定，浇筑混凝土后将预埋钢筋弯折出墙面或使预埋件外露，然后与梁、板等受力钢筋进行焊接连接。近年来结构接头利用最多的方法是预埋锥（直）螺纹套筒，将其与钢筋笼固定，要求位置十分准确，挖土露出后即可与梁、板受力钢筋连接。

二、地下连续墙施工

（一）施工前的准备工作

在进行地下连续墙设计和施工之前，必须认真调查现场情况和地质、水文等情况，以确保施工的顺利进行。

（二）施工工艺

现浇钢筋混凝土地下连续墙的施工工艺通常如图 3-38 所示。其中，修筑导墙、泥浆制备与处理、挖深槽、钢筋笼的制作与吊放以及混凝土的浇筑是地下连续墙施工中的主要工序。

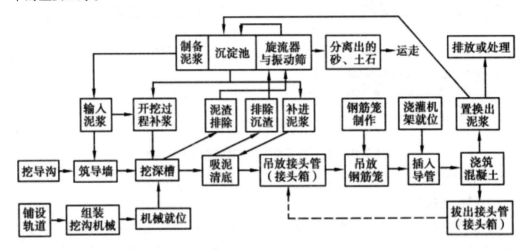

图 3-38　现浇混凝土地下连续墙的施工工艺

1. 修筑导墙

导墙是地下连续墙挖槽之前修筑的临时结构，对挖槽起重要作用。导墙的作用：主要为地下连续墙定位置、定标高；成槽时为挖槽机定向；储存和排泄泥浆，防止雨水混入；稳定泥浆；支承挖槽机具、钢筋笼和接头管、混凝土导管等设备的施工重量；保持槽顶面土体的稳定，防止土体塌落。

现浇钢筋混凝土导墙施工顺序：平整场地→测量定位→挖槽及处理弃土→绑扎钢筋→支模板→浇筑混凝土→拆模并设置横撑→导墙外侧回填土（如无外侧模板不进行此项工作）。

2. 泥浆护壁

地下连续墙的深槽是在泥浆护壁下进行挖掘的，泥浆在成槽过程中的作用有护壁、携渣、冷却和润滑作用。

3. 挖深槽

挖槽的主要工作包括单元槽段划分、挖槽机械的选择与正确使用、制定防止槽壁坍塌的措施和特殊情况的处理方法等。

（1）单元槽段划分。地下连续墙施工时，预先沿墙体长度方向把地下墙划分为多个某种长度的"单元槽段"。单元槽段的最小长度不得小于一个挖掘段，即不得小于挖掘机械的挖土工作装置的一次挖土长度。

（2）挖槽机械选择。在地下连续墙施工中，常用的挖槽机械按其工作机理主要分为挖斗式、回转式和冲击式三大类。

①挖斗式挖槽机。挖斗式挖槽机是以斗齿切削土体，切削下来的土体收容在斗体内，再从沟槽内提出地面开斗卸土，然后又返回沟槽内挖土，如此重复循环作业进行挖槽。

为了保证挖掘方向，提高成槽精度，可采用以下两种措施：一种是在抓斗上部安装导板，即成为国内常用的导板抓斗；另一种是在挖斗上装长导杆，导杆沿着机架上的导向立柱上下滑动，成为液压抓斗，这样既保证了挖掘方向又增加了斗体自重，提高了对土的切入力。

②回转式挖槽机。这类挖槽机是以回转的钻头切削土体进行挖掘，钻下的土渣随循环的泥浆排出地面。按照钻头数目，回转式挖槽机分为单头钻和多头钻。单头钻主要用来钻导孔，多头钻用来挖槽。

③冲击式挖槽机。目前，我国使用的主要是钻头冲击式挖槽机，它是通过各种形状钻头的上下运动，冲击破碎土层，借助泥浆循环把土渣携出槽外。它适用于黏性土、硬土和夹有孤石等较为复杂的地层情况。钻头冲击式挖槽机的排土方式有正循环方式和反循环方式两种。

4. 清底

在挖槽结束后清除槽底沉淀物的工作称为清底。

清除沉渣的方法常用的有砂石吸力泵排泥法、压缩空气升液排泥法、潜水泥浆泵排泥法、抓斗直接排泥法。清底后，槽内泥浆的相对密度应在 $1.15g/cm^3$ 以下。

清底一般安排在插入钢筋笼之前进行，对于采用泥浆反循环法进行挖槽的，可在挖槽后紧接着进行清底工作。另外，单元槽段接头部位附着的土渣和泥皮会显著降低接头处的防渗性能，宜用刷子刷除或用水枪喷射高压水流进行冲洗。

5. 钢筋笼加工与吊放

钢筋笼根据地下连续墙墙体配筋图和单元槽段的划分来制作。单元槽段的钢筋笼应装配成一个整体。必须分段时，宜采用焊接或机械连接，接头位置宜选在受力较小处，并相互错开。

6. 混凝土浇筑

混凝土配合比的设计与灌注桩导管法相同。地下连续墙的混凝土浇筑机具可选用履带式起重机、卸料翻斗、混凝土导管和储料斗，并配备简易浇筑架，组成一套设备。为便于混凝土向料斗供料和装卸导管，还可以选用混凝土浇筑机架进行地下连续墙的浇筑，机架可以在导墙上沿轨道行驶。

第四章 独立基础施工

第一节 钢筋混凝土独立基础构造

一、独立基础的概念

长宽比小于 3 且底面积在 20 m² 以内的基础称为独立基础（独立桩承台）。由于独立基础抗弯、抗剪、抗冲击的能力良好，因此被广泛用于多层框架结构和单层厂房结构中（图 4-1）。

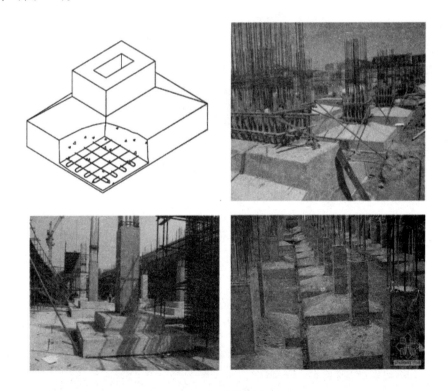

图 4-1 独立基础

二、独立基础的类别

独立基础一般设在柱下，独立基础有很多形式，一般有阶梯形、锥形、杯形基础等，如图 4-2 所示。独立基础按受力性能分有中心受压基础和偏心受压基础；按施工方法分有现浇柱基础和预制柱基础。材料通常采用钢筋混凝土、素混凝土等。当柱为现浇时，独立基础与柱子是整体现浇在一起的；当柱为预制时，通常将基础做成杯形，然后将柱子插入，并用细石混凝土嵌固，称为杯形基础。

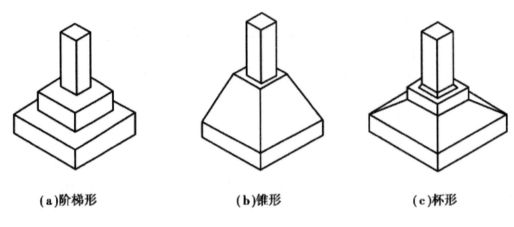

(a)阶梯形   (b)锥形   (c)杯形

图 4-2   独立基础形式

三、独立基础的特点

如图 4-3、图 4-4 所示，独立基础具有以下特点：

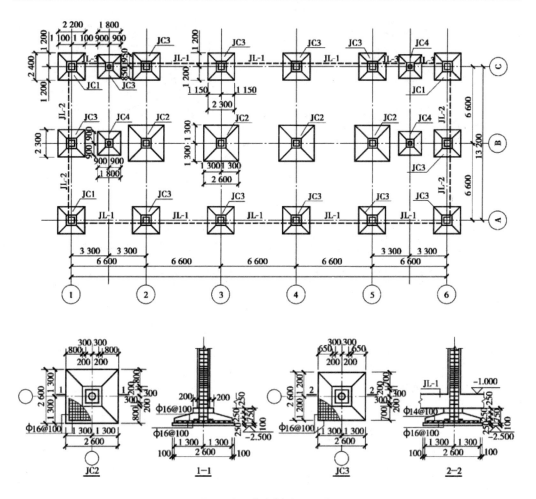

图 4-3　独立基础平面图

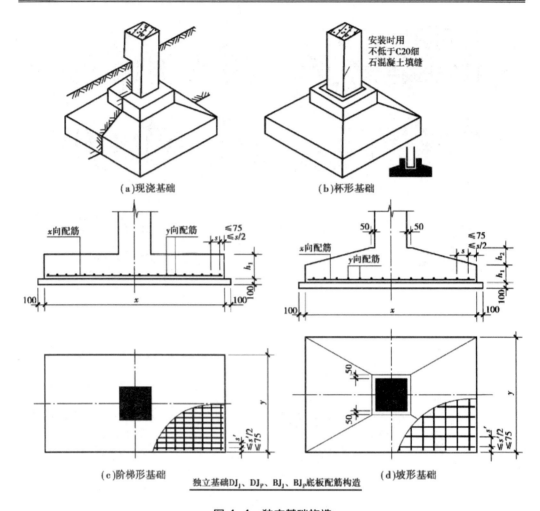

(a) 现浇基础   (b) 杯形基础

(c) 阶梯形基础   (d) 坡形基础

独立基础DJ$_J$、DJ$_P$、BJ$_J$、BJ$_P$底板配筋构造

图4-4 独立基础构造

1. 一般只坐落在一个十字轴线交点上，有时也和其他条形基础相连，但是截面尺寸和配筋不尽相同。独立基础如果坐落在几个轴线交点上承载几个独立柱，称为联合独立基础。

2. 基础之内的纵横两方向配筋都是受力钢筋，且长方向的一般布置在下面。

当上部荷载不太大且基础截面积在 4 m² 左右时，可以采用独立基础；当上部荷载较大，独立基础截面已经超过 4 m² 时，采用独立基础就比较浪费，此时应采用条形基础；荷载更大时，选用筏形基础、桩基础。其次，当地质不均匀、各独立基础沉降差异较大时，即使基底面积不大也应该采用条形基础。

四、独立基础配筋的构造要求

1. 锥形基础的边缘高度不宜小于 200 mm，其顶部四周应水平放宽至少 50 mm，以便于柱子支模；阶梯形基础的每阶高度宜为 300 ~ 500 mm。

2. 钢筋混凝土基础下通常设素混凝土垫层，垫层高度不宜小于 70 mm，混凝土强度等级应为 C10。

3. 底板受力钢筋的最小直径不宜小于 10 mm；间距不宜大于 200 mm，也不宜小于 100 mm；有垫层时钢筋保护层的厚度不小于 40 mm，无垫层时不小于 70 mm。

4. 基础底板混凝土强度等级不应低于 C20。

5. 当柱下钢筋混凝土独立基础的边长不小于 2.5 m 时，底板受力筋的长度可取边长或宽度的 0.9 倍，并宜交错布置。

6. 对于现浇柱的基础，其插筋数量、直径及钢筋种类应与柱内纵向受力钢筋相同，插筋的锚固长度应满足《建筑地基基础设计规范》（ GB 50007-2011 ）中的规定（ 图 4-5 ）。插筋的下端宜做成直钩放在基础底板钢筋网上。

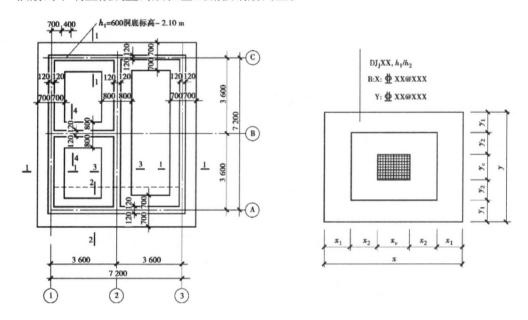

（a）普通独立基础平面注写方式设计表达示意图(单位:mm)

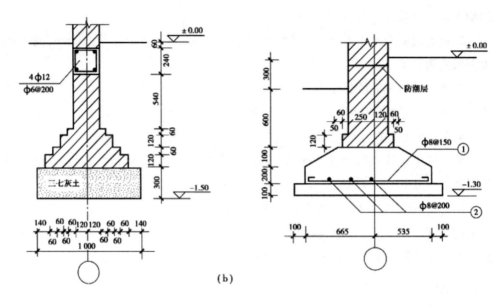

图4-5 独立基础构造要求（单位：mm）

五、钢筋混凝土扩展基础

钢筋混凝土扩展基础是指墙下钢筋混凝土条形基础和柱下钢筋混凝土独立基础。

（一）墙下钢筋混凝土条形基础

如图4-6所示，墙下钢筋混凝土条形基础是承重墙基础的主要形式。当上部结构荷载较大而土质较差时，可采用钢筋混凝土建造，其建造形式一般分为无肋式和有肋式。墙下钢筋混凝土条形基础一般做成无肋式；当地基在水平方向上压缩性不均匀时，为了增加基础的整体性，减少不均匀沉降，可做成有肋式。

（二）柱下钢筋混凝土独立基础

如图4-7所示，柱下钢筋混凝土独立基础按截面形状可分为锥形和阶梯两种。按施工方法可分为现浇和预制两种。与墙下钢筋混凝土条形基础一样，在进行柱下钢筋混凝土独立基础设计时，一般先由地基承载力确定基础的底面尺寸，然后再进行基础截面的设计和验算。

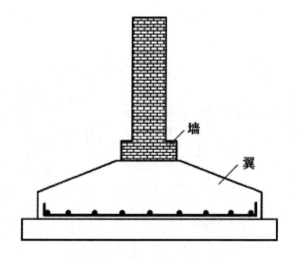

图 4-6　墙下钢筋混凝土条形基础

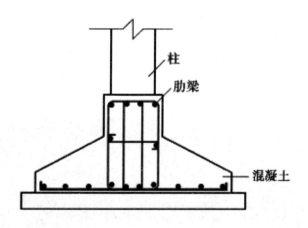

图 4-7　柱下钢筋混凝土独立基础

第二节　钢筋混凝土独立基础施工要点

一、现浇柱下独立基础施工要点

（一）验坑及基坑清理要点

在混凝土浇筑前应先进行验坑，轴线、基坑尺寸和土质应符合设计规定，基坑开挖如图 4-8 所示。

如有地下水，坑内浮土、积水、淤泥、杂物应清除干净。局部软弱土层应挖去，用灰土或沙砾回填并夯实至与基底相平。

图 4-8　基坑开挖

（二）垫层施工要点

在基坑验槽后应立即浇筑垫层混凝土，以保护地基（图 4-9）。混凝土宜用表面振动器进行振捣，要求表面平整。

图 4-9　垫层

（三）钢筋安装施工要点

1.绑扎钢筋时，要严格按照设计图纸要求进行操作，做到规格无误、尺寸合格、位置正确、绑扎牢固。

2. 铺放钢筋网片时，长边钢筋在下，短边钢筋在上；连接柱的插筋，下端要用90°弯钩与基础钢筋绑扎牢固，按轴线位置校核后用方木架成井字形，将插筋固定在基础外模板上；底部用与混凝土保护层同厚度的水泥砂浆垫块垫塞，以保证钢筋位置正确。

3. 钢筋绑扎施工完成后，由班组自检、互检，并由项目质量员验收。验收合格后，再同现场监理人员进行验收，并在隐蔽工程验收单上签字后，方可进行下一道工序施工。

4. 浇筑柱下基础时，应特别注意柱子插筋位置正确，要将插筋固定以保证其位置正确，防止插筋在外力作用下产生位移（图 4-10）。浇筑开始时，先满铺一层 5 ~ 10 cm 厚混凝土并捣实，使柱子插筋下段和钢筋网片的位置基本固定，然后对称浇筑。

5. 混凝土浇捣施工时，派专人看管钢筋，随时对钢筋进行纠偏，确保钢筋施工质量。

图 4-10　钢筋安装

（四）混凝土施工要点（图 4-11）

1. 混凝土应分层连续进行，间歇时间不超过混凝土初凝时间，一般不超过 2 h。为保证钢筋位置正确，先浇筑一层 5 ~ 10 cm 厚混凝土固定钢筋。阶梯形基础按每一台阶高度整体浇捣，每浇完一层台阶停顿 0.5 h，待其下沉后再浇筑上一层。

图 4-11　独立基础混凝土施工

2. 浇筑混凝土时，经常观察模板、支架、钢筋、螺栓、预留孔洞和管有无走动情况。一经发现有变形、走动或位移时，立即停止浇筑，并及时修整和加固模板，然后再继续浇筑。

3. 对于锥形基础，应注意锥体斜面坡度正确。斜面部分的模板应随混凝土浇捣分段支设，并应支撑顶紧，以防模板上浮变形；边角处的混凝土必须注意捣实。严禁斜面部分不支模、只用铁锹拍实。

二、预制柱杯形基础施工要点

除按上述施工要求外，预制柱杯形基础施工还应注意以下三点：

1. 按台阶分层浇筑混凝土。对高杯形基础的高台阶部分，按整段分层浇筑混凝土。浇筑杯形基础时，应从四侧对称、均匀地进行浇筑，防止将杯形模板挤向一侧，导致杯口变形或位移。

2. 杯形基础一般在杯底均留有 50 mm 厚细石混凝土找平层，浇筑基础混凝土时要仔细留出。

3. 浇筑高杯形基础混凝土时，由于其最上一台阶较高，施工不方便，可采用后安装杯形模板的方法施工。也就是说，当混凝土浇捣接近杯口底时，再安装杯形模板，然后浇筑杯口混凝土。

三、钢筋混凝土独立基础施工步骤及注意事项

独立基础施工工艺流程：验坑及基坑清理→混凝土垫层施工→基础放线→钢筋、模板、混凝土施工→基础养护。

（一）验坑及基坑清理

建筑基坑开挖结束后，需要比较其实际情况和勘测结果，并对基坑开挖的质量进行检验，其具体工作如下：

1.对基底的土质类别及状态进行鉴别，判断其是否满足设计要求。

2.检查基底是否有不良土质存在，如淤泥、暗河流砂、松土坑及洞穴等。

3.检查基底土质是否被扰动。

检验基底质量的同时还应请地勘单位来验槽，包括的资料及内容有工程地质资料、基础工程施工图及有关设计变更、施工组织设计的土方工程施工部分、基坑隐蔽工程记录。

地基验坑完成后，清除表层浮土及扰动土，不留积水。

（二）垫层施工

1.垫层放线

根据龙门板上的轴线钉或轴线控制桩和基础平面施工图，用经纬仪或用拉绳挂锤球的方法，把轴线投测到垫层面上，并用墨线弹出中心线和垫层边线，作为垫层施工依据。

2.垫层支模

基底处理完毕后，即开始支设垫层模板。垫层设计为100 mm厚C15素混凝土，侧模可采用50 mm×100 mm方木立放，在接槎处外侧用短方木或木板条连接，转角处应钉斜撑固定。方木外侧用木楔或短钢筋锚入地下加固，间距宜小于1 500 mm。垫层施工完毕后应对轴线、标高进行复核，并报监理验收，无误后方可进行下一道工序施工。

3.垫层混凝土浇筑

（1）混凝土采用商品混凝土并用罐车直接运至现场，由汽车泵进行浇筑。可采用溜槽法，配合手推车将商品混凝土输送至浇筑部位。

（2）垫层混凝土收面时，应根据木桩拉线控制垫层上表面标高和平整度。首先，根据标高控制铺设混凝土，虚铺厚度应略高于设计标高，跟随振动棒插入振捣。其次，混凝土振捣密实后，按灰饼高度检查标高，然后边铺混凝土边用刮尺刮平。混凝土初凝后终凝前，表面再用木抹子搓平压实。最后用铁抹子压光处理，以此控制平整度。

4.垫层混凝土养护

混凝土初凝后应采用塑料薄膜覆盖或浇水养护，养护至一定强度后（一般达到设计强度的70%）方可进行下一道工序施工，如图4-12、图4-13所示。

图 4-12　混凝土塑料薄膜覆盖养护

图 4-13　混凝土浇水养护

（三）基础放线

垫层达到一定强度并验收合格后，在垫层面上弹出基础的定位轴线及基础边线。

（四）独立基础施工

1. 钢筋安装施工

绑扎独立基础底部钢筋时，先绑扎底部纵筋，再绑扎底部横筋。受力钢筋一般采用一级钢，钢筋末端弯钩朝上。为保证钢筋位置，可采取临时固定措施。垫层浇筑完成，混凝土强度达到 1.2 MPa 后，表面弹线进行钢筋绑扎。钢筋绑扎不允许漏扣，柱插筋弯钩部分必须与底板钢筋成 45° 角绑扎，连接点处必须全部绑扎。

2. 模板施工

上阶模板应搁置在下阶模板上，各阶模板的相对位置要固定牢固，以免浇筑混凝土时模板发生位移。模板采用小钢模或木模，利用架子管或木方加固。阶梯形独立基础根据基础施工图样尺寸制作每一阶梯模板，支模由下至上逐层向上安装。

3. 混凝土施工

浇筑混凝土时，经常观察模板、支架、钢筋、螺栓、预留孔洞和管有无移动情况。一经发现有变形、走动或位移时，立即停止浇筑，并及时修整和加固模板，然后再继续浇筑。

（五）基础养护

已浇筑完的混凝土表面先用木杠刮平，再用木搓搓平，最后搓细毛。应在 12 h 左右覆盖一层塑料薄膜，上铺一层草帘或草席，薄膜覆盖必须严密，养护过程中薄膜内应保持有凝结水。

第三节　钢筋混凝土独立基础质量验收

独立基础的施工质量验收主要按照钢筋工程、模板工程、混凝土工程等分项工程进行验收，其质量验收内容具体参考《建筑工程施工质量验收统一标准》（GB 50300-2013）、《建筑地基基础工程施工质量验收规范》（GB 50202-2002）、《混凝土结构工程施工质量验收规范》（GB 50204-2015）、《普通混凝土配合比设计规程》（JGJ 55-2011）、《砌筑砂浆配合比设计规程》（JGJ/T 98-2010）、《普通混凝土用砂、石质量及检验方法标准》（JGJ 52-2006）、《混凝土外加剂应用技术规范》（GB 50119-2013）等现行相关规范。

第四节　钢筋混凝土柱下独立基础施工操作

一、基槽土方开挖、清理及垫层浇筑混凝土

地基验槽完成后，清除表层浮土及扰动土，不留积水，立即进行垫层混凝土施工。垫层混凝土必须振捣密实，表面平整，严禁晾晒基土。

二、钢筋工程

垫层浇筑完成后，混凝土达到 1.2 MPa 后，表面弹线后进行钢筋绑扎。钢筋绑扎不允许漏扣，柱插筋弯钩部分必须与底板钢筋成 45° 绑扎，连接点处必须全部绑扎。距底板 5 cm 处绑扎第一个箍筋，距基础顶 5 cm 处绑扎最后一道箍筋，作为标高控制筋及定位筋。在柱插筋最上部再绑扎一道定位筋，上下箍筋及定位箍筋绑扎完成后将柱插筋调整到位，并用井字木架临时固定。然后绑扎剩余箍筋，保证柱插筋不变形走

样。两道定位筋在基础混凝土浇筑完成后，必须进行更换。

钢筋绑扎好后，底面及侧面搁置保护层塑料垫块，厚度为设计保护层厚度，垫块间距不得大于 1 000 mm（视设计钢筋直径确定），以防出现露筋等质量通病。注意对钢筋进行成品保护，不得任意碰撞钢筋，造成钢筋移位。

（一）钢筋加工工程

1. 主控项目

（1）钢筋进场时，应按《钢筋混凝土用热轧带肋钢筋》（GB/T 1499.2-2018）等的规定抽取试件做力学性能检验，其质量必须符合有关标准的规定。

（2）对有抗震设防要求的框架结构，其纵向受力钢筋的强度应满足设计要求；当设计无具体要求时，对一、二级抗震等级，检验所得的强度实测值应符合下列规定：

①钢筋的抗拉强度实测值与屈服强度实测值的比值不应小于1.25。

②钢筋的屈服强度实测值与强度标准值的比值不应大于1.3。

（3）当发现钢筋脆断、焊接性能不良或力学性能显著不正常等现象时，应对该批钢筋进行化学成分检验或其他专项检验。

（4）受力钢筋的弯钩和弯折应符合下列规定：

① HPB235 级钢筋末端应做成 180° 弯钩，其弯弧内直径不应小于钢筋直径的 2.5 倍，弯钩的弯后平直部分长度不应小于钢筋直径的 3 倍。

②当设计要求钢筋末端需做成 135° 弯钩时，HRB335 级、HRB400 级钢筋的弯弧内直径不应小于钢筋直径的 4 倍，弯钩的弯后平直部分长度应符合设计要求。

③钢筋做不大于 90° 弯折时，弯折处的弯弧内直径不应小于钢筋直径的 5 倍。

（5）除焊接封闭环式箍筋外，箍筋的末端应做弯钩，弯钩形式应符合设计要求。当设计无具体要求时，应符合下列规定：

①箍筋弯钩的弯弧内直径除应满足第④条的规定外，尚应不小于受力钢筋直径。

②箍筋弯钩的弯折角度：对一般结构，不应小于 90°；对有抗震等要求的结构，应为 135°。

③箍筋弯后平直部分长度：对一般结构，不宜小于箍筋直径的 5 倍；对有抗震等要求的结构，不应小于箍筋直径的 10 倍。

2. 一般项目

（1）钢筋应平直、无损伤，表面不得有裂纹、油污、颗粒状或片状老锈。

（2）钢筋调直宜采用机械方法，也可采用冷拉方法。当采用冷拉方法调直钢筋时，HPB235 级钢筋的冷拉率不宜大于 4%，HRB335 级、HRB400 级和 RRB400 级钢筋的冷拉率不宜大于 1%。

（二）钢筋安装工程

1. 主控项目

（1）纵向受力钢筋的连接方式应符合设计要求。

（2）机械连接接头、焊接接头试件应做力学性能检验，其质量应符合有关规程的规定。

（3）钢筋安装时，受力钢筋的品种、级别、规格和数量必须符合设计要求。

2. 一般项目

（1）钢筋的接头宜设置在受力较小处。同一纵向受力钢筋不宜设置两个或两个以上接头。接头末端至钢筋弯起点的距离不应小于钢筋直径的10倍。

（2）在施工现场，应按《钢筋机械连接通用技术规程》（JGJ 107-2016）、《钢筋焊接及验收规程》（JGJ 18-2012）的规定对钢筋机械连接接头、焊接接头的外观进行检查，其质量应符合有关规程的规定。

（3）当受力钢筋采用机械连接接头或焊接接头时，设置在同一构件内的接头宜相互错开。纵向受力钢筋机械连接接头及焊接接头连接区段的长度为35d（d为纵向受力钢筋的较大直径）且不小于500 mm。凡接头中点位于该连接区段长度内的接头均属于同一连接区段。同一连接区段内，纵向受力钢筋机械连接及焊接的接头面积百分率为该区段内有接头的纵向受力钢筋截面面积与全部纵向受力钢筋截面面积的比值。

同一连接区段内，纵向受力钢筋的接头面积百分率应符合设计要求；当设计无具体要求时，应符合下列规定：

①在受拉区不宜大于50%。

②接头不宜设置在有抗震设防要求的框架梁端、柱端的箍筋加密区；当无法避开时，对等强度高质量机械连接接头，不应大于50%。

③直接承受动力荷载的结构构件中，不宜采用焊接接头；当采用机械连接接头时，不应大于50%。

（4）同一构件中相邻纵向受力钢筋的绑扎搭接接头宜相互错开。绑扎搭接接头中，钢筋的横向净距不应小于钢筋直径，且不应小于25 mm。

钢筋绑扎搭接接头连接区段的长度为1.3L（L为搭接长度），凡搭接接头中点位于该连接区段长度内的搭接接头均属于同一连接区段。同一连接区段内，纵向钢筋搭接接头面积百分率为该区段内有搭接接头的纵向受力钢筋截面面积与全部纵向受力钢筋截面面积的比值。同一连接区段内，纵向受拉钢筋搭接接头面积百分率应符合设计要求；当设计无具体要求时，应符合下列规定：

①对梁类、板类及墙类构件，不宜大于25%。

②对柱类构件，不宜大于50%。

③当工程中确有必要增大接头面积百分率时，对梁类构件，不应大于 50%；对其他构件，可根据实际情况放宽。

根据《混凝土结构设计规范》（GB 50010-2010）的规定，绑扎搭接受力钢筋的最小搭接长度应结合钢筋强度、外形、直径及混凝土强度等指标经计算确定，并根据钢筋搭接接头面积百分率等进行修正。为了便于施工及验收，规范给出了确定纵向受拉钢筋最小搭接长度的方法和受拉钢筋搭接长度的最低限值，同时也确定了纵向受压钢筋最小搭接长度的方法和受压钢筋搭接长度的最低限值。

（5）在梁、柱类构件的纵向受力钢筋搭接长度范围内，应按设计要求配置箍筋。当设计无具体要求时，应符合下列规定：

①箍筋直径不应小于搭接钢筋较大直径的 0.25 倍。

②受拉搭接区段的箍筋间距不应大于搭接钢筋 + 较小直径的 5 倍，且不应大于100 mm。

③受压搭接区段的箍筋间距不应大于搭接钢筋较小直径的 10 倍，且不应大于200 mm。

④当柱中纵向受力钢筋直径大于 25 mm 时，应在搭接接头两个端面外 100 mm 范围内各设置两个箍筋，其间距宜为 50 mm。

三、模板安装

钢筋绑扎及相关专业施工完成后立即进行模板安装。模板采用小钢模或木模，利用架子管或木方加固。锥形基础坡度大于 30° 时，采用斜模板支护，利用螺栓与底板钢筋拉紧，防止上浮，模板上部设透气及振捣孔；坡度不大于 30° 时，利用钢丝网（间距 30 cm）防止混凝土下坠，上口设井子木控制钢筋位置。不得用重物冲击模板，不准在掉帮的模板上搭设脚手架，保证模板的牢固和严密。

（一）模板安装工程

1. 主控项目

（1）安装现浇结构的上层模板及其支架时，下层楼板应具有承受上层荷载的承载能力；上、下层支架的立柱应对准，并铺设垫板。

（2）涂刷模板隔离剂时，不得污染钢筋和混凝土接槎处。

2. 一般项目

（1）模板安装应满足下列要求：

①模板的接缝不应漏浆；浇筑混凝土前，木模板应浇水湿润，但模板内不应有积水。

②模板与混凝土的接触面应清理干净并涂刷隔离剂，但不得采用影响结构性能或

妨碍装饰工程施工的隔离剂。

③浇筑混凝土前，模板内的杂物应清理干净。

④对清水混凝工程及装饰混凝土工程，应使用能达到设计效果的模板。

（2）用作模板的地坪、胎模等应平整光洁，不得产生影响构件质量的下沉、裂缝、起砂或起鼓。

（3）对跨度不小于4 m的现浇钢筋混凝土梁、板，其模板应按设计要求起拱。当设计无具体要求时，起拱高度宜为跨度的1/1 000～3/1 000。

（二）模板拆除工程

侧面模板在混凝土强度能保证其棱角不因拆模板而受损坏时方可拆模，拆模前设专人检查混凝土强度。拆除时采用撬棍从一侧顺序拆除，不得采用大锤砸或撬棍乱撬，以免造成混凝土棱角破坏。

1. 主控项目

（1）底模及其支架拆除时，混凝土强度应符合设计要求；当设计无具体要求时，混凝土强度应符合有关规范的规定。

（2）对后张法应力混凝土结构构件，侧模宜在预应力筋张拉前拆除；底模支架拆除应按施工技术方案执行。当无具体要求时，不应在结构构件建立预应力前拆除。

（3）后浇带模板的拆除和支顶应按施工技术方案执行。

2. 一般项目

（1）侧模拆除时，混凝土强度应能保证其表面及棱角不受损伤。

（2）模板拆除时，不应对楼层形成冲击荷载。拆除的模板和支架宜分散堆放并及时清运。

四、混凝土工程施工要点

（一）混凝土现场搅拌

1. 每次浇筑混凝土前1.5 h左右，由土建工长或混凝土工长填写"混凝土浇筑申请书"，一式三份。施工技术负责人签字后，土建工长留一份，交试验员一份，交资料员一份归档。

2. 试验员依据"混凝土浇筑申请书"填写有关资料。做砂石含水率试验。调整混凝土配合比中的材料用量，换算每盘的材料用量，写配合比板，经施工技术负责人校核后，挂在搅拌机旁醒目处。

3. 材料用量、投放：水、水泥、外加剂、掺合料的计量误差为±2%，砂石料的计量误差为±3%。投料顺序为：石子→水泥→外加剂粉剂→掺合料→砂子→水→外加剂液剂。

4.搅拌时间：对于强制式搅拌机，不掺外加剂时，不少于90 s，掺外加剂时，不少于120 s；对于自落式搅拌机，在强制式搅拌机搅拌时间的基础上增加30 s。

5.当一个配合比第一次使用时，应由施工技术负责人主持，做混凝土开盘鉴定。如果混凝土和易性不好，可以在维持水灰比不变的前提下，适当调整砂率、水及水泥量，至和易性良好为止。

（二）混凝土浇筑

混凝土应分层连续进行，间歇时间不超过混凝土初凝时间，一般不超过2 h。为保证钢筋位置正确，先浇筑一层5～10 cm厚混凝土固定钢筋。台阶形基础按每一台阶高度整体浇筑，每浇筑完一台阶停顿0.5 h，待其下沉再浇筑上一层。分层下料时，控制每层厚度为振捣棒的有效振动长度，防止由于下料过厚、振捣不实或漏振、掉帮的根部砂浆涌出等原因造成蜂窝、麻面或孔洞。

（三）混凝土振捣

采用插入式振捣棒，插入的间距不大于作用半径的1.5倍。上层振捣棒插入下层3～5 cm。尽量避免碰撞预埋件、预埋螺栓，防止预埋件发生移位。

（四）混凝土找平

混凝土浇筑后，使用平板振捣器将表面比较大的混凝土振捣一遍，然后用刮杠刮平，再用木抹子搓平。收面前必须校核混凝土表面标高，不符合要求处应立即整改。

浇筑混凝土时，经常观察模板、支架、钢筋、螺栓、预留孔洞和管有无移动情况。一经发现有变形、移动或位移时，立即停止浇筑，并及时修整和加固模板，然后再继续浇筑。

（五）混凝土养护

已浇筑完的混凝土应在12 h左右覆盖和浇水。一般常温养护不得少于7 d，特种混凝土养护不得少于14 d。养护设专人检查落实，防止由于养护不及时，造成混凝土表面裂缝。

五、混凝土原材料及配合比设计

（一）主控项目

1.水泥进场时，应对其品种、级别、包装或散装仓号、出厂日期等进行检查，并应对其强度、安定性及其他必要的性能指标进行复验，其质量必须符合现行国家标准《通用硅酸盐水泥》（GB 175-2007）的规定。当在使用中对水泥质量有怀疑或水泥出厂超过 3 个月（快硬硅酸盐水泥超过 1 个月）时，应进行复验，并按复验结果使用。钢筋混凝土结构、预应力混凝土结构中，严禁使用含氯化物的水泥。

2. 混凝土中掺用外加剂的质量及应用技术应符合现行国家标准《混凝土外加剂》（GB 8076-2008）、《混凝土外加剂应用技术规范》（GB 50119-2013）等和有关环境保护的规定。

预应力混凝土结构中，严禁使用含氯化物的外加剂。钢筋混凝土结构中，当使用含氯化物的外加剂时，混凝土中氯化物的总含量应符合现行国家标准《混凝土质量控制标准》（GB 50164-2011）的规定。

3. 混凝土中氯化物和碱的总含量应符合现行国家标准《混凝土结构设计规范》（GB 50010-2010）和设计的要求。

4. 混凝土应按国家现行标准《普通混凝土配合比设计规程》（JGJ 55-2011）的有关规定，根据混凝土强度等级、耐久性和工作性能等要求进行配合比设计。

对有特殊要求的混凝土，其配合比设计尚应符合国家现行有关标准的专门规定。

（二）一般项目

1. 混凝土中掺用矿物掺合料的质量应符合现行国家标准《用于水泥和混凝土中的粉煤灰》（GB/T 1596-2017）等的规定。矿物掺合料的掺量应通过试验确定。

2. 普通混凝土所用的粗、细骨料的质量应符合国家现行标准《普通混凝土用碎石或卵石质量标准及检验方法》（JGJ 53-92）《普通混凝土用砂质量标准及检验方法》（JGJ 52-92）的规定。

3. 拌制混凝土宜采用饮用水。当采用其他水源时，水质应符合国家现行标准《混凝土拌合用水标准》（JGJ 63-2006）的规定。

4. 首次使用的混凝土配合比应进行开盘鉴定，其工作性能应满足设计配合比的要求。开始生产时应至少留置一组标准养护试件，作为验证配合比的依据。

5. 混凝土拌制前，应测定砂、石含水率并根据测试结果调整材料用量，提出施工配合比。

六、混凝土施工工程

（一）主控项目

混凝土运输、浇筑及间歇的全部时间不应超过混凝土的初凝时间。同一施工段的混凝土应连续浇筑，并应在底层混凝土初凝前将上一层混凝土浇筑完毕。

当底层混凝土初凝后浇筑上一层混凝土时，应按施工技术方案中对施工缝的要求进行处理。

（二）一般项目

1.施工缝的位置应在混凝土浇筑前按设计要求和施工技术方案确定。施工缝的处理应按施工技术方案执行。

2.后浇带的留置位置应按设计要求和施工技术方案确定。后浇带混凝土浇筑应按施工技术方案进行。

3.混凝土浇筑完毕后，应按施工技术方案及时采取有效的养护措施，并应符合下列规定：

（1）应在浇筑完毕后的 12 h 以内对混凝土加以覆盖并保湿养护。

（2）对采用硅酸盐水泥、普通硅酸盐水泥或矿渣硅酸盐水泥拌制的混凝土，养护时间不得少于 7 d；对掺用缓凝型外加剂或有抗渗要求的混凝土，养护时间不得少于 14 d。

（3）浇水次数应能保持混凝土处于湿润状态，混凝土养护用水应与拌制用水相同。

（4）采用塑料布覆盖养护的混凝土，其敞露的全部表面应覆盖严密，并应保持塑料布内有凝结水。

（5）混凝土强度达到 1.2 MPa 前，不得在其上踩踏或安装模板及支架。

4.施工注意事项如下：

（1）当日平均气温低于 5 ℃时，不得浇水。

（2）当采用其他品种水泥时，混凝土的养护时间应根据所采用水泥的技术性能确定。

（3）混凝土表面不便于浇水或使用塑料布时，宜涂刷养护剂。

（4）对大体积混凝土的养护，应根据气候条件按施工技术方案采取控温措施。

七、现浇结构外观尺寸偏差检验批

（一）主控项目

1.现浇结构的外观质量不应有严重缺陷。对已经出现的严重缺陷，应由施工单位提出技术处理方案，并经监理（建设）单位认可后进行处理。对经过处理的部位，应重新检查验收。

2.现浇结构不应有影响结构性能和使用功能的尺寸偏差。混凝土设备基础不应有影响结构性能和设备安装的尺寸偏差。对超过尺寸允许偏差且影响结构性能和安装、使用功能的部位，应由施工单位提出技术处理方案，并经监理（建设）单位认可后进行处理。对经过处理的部位，应重新检查验收。

（二）一般项目

1. 现浇结构的外观质量不宜有一般缺陷。

2. 对已经出现的一般缺陷，应由施工单位按技术处理方案进行处理，并重新检查验收。

八、混凝土浇筑要求

1. 混凝土浇筑前应清除模板内的木屑、泥土等杂物，木模浇水湿润。堵严板缝及孔洞。

2. 为保证柱插筋位置准确，防止位移和倾斜，浇筑时先浇筑一层 5 ~ 10 cm 厚混凝土并捣实，使柱子插筋下端与钢筋网片的位置基本固定，然后再继续对称浇筑，并避免碰撞钢筋。

3. 混凝土浇筑高度如果超过 2 m，应使用串筒、溜槽下料，以防止混凝土离析。

4. 混凝土浇筑应分层连续进行，相邻两层混凝土浇筑间歇时间不超过混凝土初凝时间，一般不超过 2 h。台阶形基础按每一台阶高度整体浇捣，每浇筑一台阶停顿 0.5 h，待其下沉后再浇筑上一层。

5. 混凝土振捣采用插入式振捣棒，插入的间距不大于振捣棒作用部分长度的 1.25 倍，振捣棒移动间距不大于作用半径的 1.5 倍；上层振捣棒插入下层 3 ~ 5 cm，尽量避免碰撞预埋件、预埋螺栓，防止预埋件移位，防止由于下料过厚、振捣不实或漏振、漏浆等原因造成蜂窝、麻面或孔洞。

6. 浇筑混凝土时，经常观察模板、支架、钢筋、螺栓、预留孔洞和管道有无移动情况。一经发现有变形、移动或位移时，立即停止浇筑，并及时修整和加固模板，然后再继续浇筑。

7. 对于大面积混凝土，应在其浇筑后再使用平板振捣器拖振一遍，然后用刮杠刮平，再用木抹子搓平；收面前应校核混凝土表面标高，不符合要求立即整改。

8. 混凝土养护。已浇筑完的混凝土应在 12 h 左右覆盖和浇水。一般常温养护不得少于 7 d，特种混凝土养护不得少于 14 d。养护由专人检查落实，防止由于养护不及时，造成混凝土表面裂缝。

9. 模板拆除。侧面模板在混凝土强度能保证其棱角不因拆除模板而受损坏时方可拆除。拆模前由专人检查混凝土强度，拆除时采用撬棍从一侧按顺序拆除，不得采用大锤砸或撬棍乱橇，以免造成混凝土棱角破坏。

10. 浇筑混凝土所用水泥、外加剂的质量必须符合施工质量验收规范和现行国家标准的规定，并有出厂合格证和试验报告。

11. 混凝土配合比设计，原材料计算、搅拌、养护和施工渣处理必须符合施工质量验规范及国家现行有关规程的规定。

12. 混凝土应按《混凝土强度检验评定标准》(GB/T 50107-2010)的规定取样、制作、养护和试验试块，其强度必须符合设计要求。

第五章 主体工程施工

第一节 构件放样定位、布置及吊装方法

一、构件放样定位

外控线、楼层主控线，楼层轴线，构件边线等放样定位流程如图 5-1 所示。

图 5-1 轴线定位流程

具体操作如下：

1. 根据建设方提供的规划红线图采用全球定位系统（Global Positioning System, GPS）定位仪将建筑物的 4 个角点投设到施工作业场地，打入定位桩，将控制桩延长至安全可靠位置，作为主轴线定位桩位置（注意将其保护好），如图 5-2 所示。

图 5-2 定位桩位置

2. 采用"内控法"放线，待基础完成后，使用经纬仪通过轴线控制桩在 ±0.00 上放出各个轴线控制标记，连接标记弹设墨线形成轴线，依次放出其他轴线。

3. 通过轴线弹出 1 m 控制线，选择某个控制线相交点作为基准点（基准点埋设采用 15 cm × 15 cm × 8 cm 钢板制作，川钢针刻画出"十"字线），以方便下一个楼层轴线定位桩引测。

4. 浇筑混凝土时，预留控制线引测孔，底层放置垂直仪，调整激光束得到最小光斑，移动接收靶，使接收靶的"十"字焦点移至激光斑点上，在预留孔的另一处放置垂准仪和接收靶，用经纬仪找准接受靶上激光斑点，然后弹出 1 m 控制线，重复上述操作弹出剩余控制线，根据控制线弹田墙板轴线，墙板边 200 mm 控制线。

需要注意的是控制边线依次弹出以下各项：

（1）外墙板：墙板定位轴线和外轮廓线。

（2）内墙板：墙板两侧定位轴线和轮廓线。

（3）叠合梁：梁底标高控制线（在柱上梁边控制线）。

（4）预制柱：中柱以轴线和外轮廓线为准边柱和角柱以外轮廓线为准。

（5）叠合板，阳台板：四周定位点，由墙面宽度控制点定出。

5. 轴线放线偏差不得超过 2 mm，当放线遇有连续偏差时，应考虑从建筑物一条轴线向两侧调整，即原则上以中心线控制位置，误差由两边分摊。

6. 标高点布置位置需有专项方案，标高点应有专人复核。根据标高点布置位置使用经纬仪进行测量，要求一次测量到位。预制柱和剪力墙板等竖向构件安装，首先确定支垫标高：若支垫采用螺栓方式，旋转螺栓到设计标高；若采用钢垫板方式，准备不同厚度的垫板调整到设计高度，而叠合楼板、叠合梁、阳台板等水平构件则测量控制下部构件支撑部位的顶面标高，构件安装好后再测量调整其预制构件的顶面标高和平整度。其中，测量楼层标高点偏差不得超过 3 mm。

二、PC 构件平面布置

传统的建筑现场管理存在诸多弊端，但近十多年以来，随着各地主管部门的监管水平的不断提升，监管力度的逐渐加大，以及一些优秀企业的大量示范，整个现场管理水平都得到了大幅度提升。但仍然有一些问题很难解决。比如，夜间施工噪音扰民的问题、现场扬尘的问题、劳动力短缺的问题，以及由此带来的质量通病问题。这些问题，仅依靠管理提升似乎难以很好地解决。而由建筑工业化所支持的装配式建筑，则可以较好地解决上述问题。

任何美好事物的出现，都不是一蹴而就的，是一个循序渐进、不断试错、不断完善的过程，这里面常常伴随的是付出与汗水。装配式建筑确实可以解决很多传统建筑的问题，比如，装配式建筑更先进、更环保、品质更可靠等。同时也产生了很多新的难题，这些难题如果不重视，并进行系统解决，则又将产生新的问题或通病。

在不断地实践之中，我们发现，装配式建筑的现场管理与传统现场相比，有三个方面的重点问题和门道要引起高度重视，而且这些问题要在项目启动之前进行系统解决，不能留到现场边干边改。

首先是现场总装计划。施工计划管理在传统项目管理中也很重要，但如果出了问题，解决起来没那么难。因为传统建筑业是一个生产力高度发达的行业，各种资源供应体系非常发达。理论上，建筑工地需要什么资源都可以在极短的时间配置到位。

而 PC 装配式建筑不同，它比传统建筑多了 PC 构件，这是一个最大的不同点。PC 构件有两大特点：一是单个构件很重，不易移动；二是必须在工厂提前预制养护好，再运到现场。

这就对计划工作提出了很高的要求。要精确计算每一个楼层有多少 PC 构件？如何分门别类编号？并提前向 PC 工厂发出需求进行订制。需求发早了，PC 工厂堆放不下，造成了库存，需求发晚了 PC 工厂无法制造出来，影响了施工进度。同时，在运输的过程中，如果漏装或损坏一个 PC 构件，现场其他工作都要停摆，出现等工现象，浪费极大。另外，如果 PC 构件进场顺序不对，需要在现场对构件进行调整，这样的难度是很大的，既费时，又费力。

那如何做好计划呢？ PC 装配式建筑项目管理计划工作，要抓住一个核心，即一切以"PC 构件吊装"为计划的核心。其他一切要服从于这个计划，并以 PC 构件为核心来配置各种资源。只有这么做，一切问题才抓到了根本，手忙脚乱的现场马上就会紧张而有序了。

传统建筑业的施工管理在项目现场工作就可以了，装配式建筑的计划管理则不然，必须往前深入 PC 工厂。如果工厂供应出错，短时间是无法解决的，因为资源的保障发生了重大变化，以前是无限供应，现在是订制化供应。所以，要做好计划，必须适应这些新变化。

第二是现场总平布置。对传统建筑现场而言这是再熟悉不过的问题了。但对于 PC 装配式工地而言，因为 PC 构件的存在，新情况出现了。

第一个问题是垂直吊装问题，此前，不要求太精确计算。如果塔吊覆盖不了的地方就用人工。因为都是散件，可以拆分，没有太大障碍。而现在面对的是几吨甚至十来吨的 PC 构件，方法就大不一样了。在总平面布置时，必须对吊装进行精确计算。最远吊距是多长？最大起吊重量是多少？什么吨位的塔吊最经济划算？如果事先计算错误，只要有一个构件无法吊装到位，就会遇到大麻烦。这时，人工是搬不动的，可以说，基本没办法解决。所以，垂直起吊设备的型号选择，是一个极关键之处，型号偏小会造成上述问题，型号偏大会造成成本增加，任何马虎都将带来不可估量的损失。

第二个重要问题是 PC 构件运输进场时带来的交通布置问题。因为 PC 构件运输车荷载量很大，必须考虑一次运输到位在吊点附近卸车，而不能二次转运。这就要求场内运输道路必须认真规划，既要考虑重载汽车的回转要求，又要考虑道路本身的承载能力。这两者如有任何一方面出问题，在项目管理现场都会混乱不堪，并且产生很多附加成本。

第三是总装建筑品质。国家为什么要大力推广装配式建筑？装配式建筑为什么可以叫作建筑业的转型升级？这其中一个重要原因就是装配式建筑的品质更好。原来的传统建筑难以克服的一些质量通病，诸如外墙渗水、抹灰空鼓、开裂、几何尺寸偏差等一系列问题，从理论上说，靠手工是很难根除的。装配式建筑的出现，恰好能解决这些通病。

但是，装配式建筑解决了老问题，并不是万事大吉了。很有可能会产生新的质量隐患。如果不高度重视，新的问题又将严重抵消技术进步所带来的好处，甚至问题还会更加严重。

因此构件的现场布置是否合理，对提高吊装效率、保证吊装质量及减少二次搬运都有密切关系。因此，构件的布置也是多层框架吊装的重要环节之一。其原则是：

1. 尽可能布置在起重半径的范围内，以免二次搬运；

2. 重型构件靠近起重机布置，中小型则布置在重型构件外侧；

3. 构件布置地点应与吊装就位的布置相配合，尽量减少吊装时起重机的移动和变幅；

4.构件迭层预制时，应满足安装顺序要求，先吊装的底层构件在上，后吊装的上层构件在下。

装配式钢筋混凝土框架结构柱一般需在现场就地预制外，其他构件一般都在工厂集中预制后运往施工现场安装，布置时应先予考虑柱。其布置方式，有与塔式起重机轨道相平行、倾斜及垂直三种方案（如图5-3）。

平行布置的优点是可以将几层柱通长预制，能减少柱接头的偏差。倾斜布置可用旋转法起吊，适用于较长的柱。当起重机在跨内开行时，为了使柱的吊点在起重半径范围内，柱宜与房屋垂直布置。

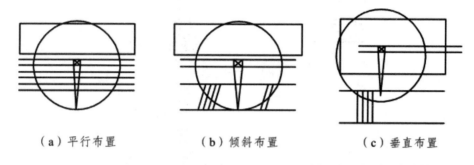

（a）平行布置　　　　（b）倾斜布置　　　　（c）垂直布置

图5-3　使用塔式起重机吊装柱的布置方案

三、结构吊装方法

装配式框架结构安装方法：分件安装法、综合安装法。

分件安装法是起重机每开行一次吊装一种构件，如先吊装柱，再吊装梁，最后吊装板。分件安装法又分为分层分段流水作业及分层大流水两种。

采用综合安装法吊装构件时，一般以一个节间或几个节间为一个施工段，以房屋的全高为一个施工层来组织各工序的施工，起重机把一个施工段的所有构件按设计要求安装至房屋的全高后，再转入下一个施工段施工。

（一）结构构件安装

1.柱子的安装与校正

框架结构柱截面一般为方形或矩形，为了预制和安装的方便，各层柱截面应尽量保持不变。柱长度一般1～2层楼高为一节，也可3～4层为一节，视起重性能而定。当采用塔身起重机进行吊装时，以1～2层楼高为宜；对4～5层框架结构，采用履带式起重机进行吊装时，柱长可采用一节到顶的方案。

（1）柱的绑扎。

多层框架柱，由于长细比较大，吊装时必须合理选择吊点位置和吊装方法。一般情况下，当柱长在 12 m 以内时可采用一点绑扎，旋转法起吊。对 14 ~ 20 m 的长柱则应采用两点绑扎起吊。应尽量避免采用多点绑扎，以防止在吊装过程中构件受力不均而产生裂缝或断裂。（如图 5-4）

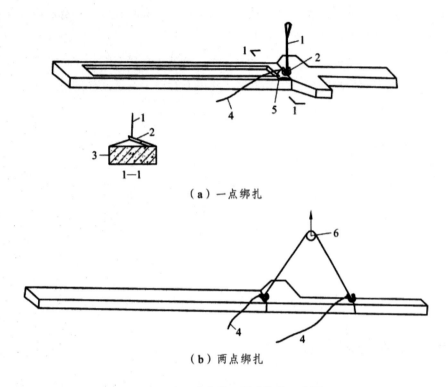

（a）一点绑扎

（b）两点绑扎

图 5-4 一点绑扎和两点绑扎示意图

1—吊索；2—活络卡环；3—柱；4—棕绳；5—铅丝；6—滑车。

（2）柱的吊升。

柱子的吊升（图 5-5）方法，根据柱子的重量、现场预制构件情况和起重机性能而定，按起重机的数量可分为单机起吊和双机抬吊；按吊装方法分为旋转法和滑行法。

采用单机吊装时一般采用旋转法和滑行法。

图 5-5 预制框架柱的吊升

A. 旋转法（见图 5-6）起重机边起钩、边旋转，使柱身绕柱脚旋转而逐渐吊起的方法称为旋转法。其要点是保持柱脚位置不动，并使柱的吊点、柱脚中心和杯中心三点共圆。

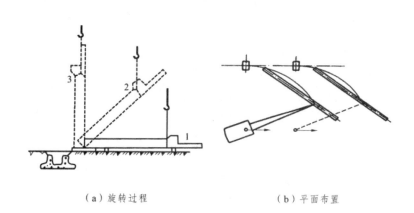

（a）旋转过程   （b）平面布置

图 5-6 旋转法吊柱示意图

1—柱子平卧时；2—起吊中途；3—直立。

B. 滑行法。起吊时起重机不旋转，只起升吊钩，使柱脚在吊钩上升过程中沿着地面逐渐向前滑行，直至柱身直立的方法称为滑行法。其要点是柱的吊点要布置在杯旁，并与杯口中心两点共圆弧（见图 5-7）。

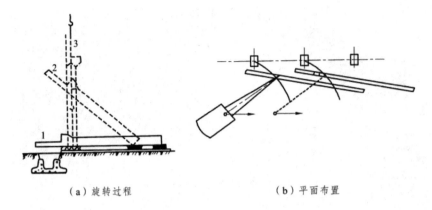

（a）旋转过程   （b）平面布置

图 5-7   滑行法吊柱示意图

1—柱子平卧时；2—起吊中途；3—直立。

（3）柱的临时固定与校正。

柱子安装就位后需立即进行临时固定，目前工程上大多采用环式固定器或管式支撑进行临时固定。

柱的校正一般需要 3 次，第 1 次在脱钩后电焊前进行初校；第 2 次在接头电焊后进行校正，并观测由于钢筋电焊受热收缩不均匀而引起的偏差；第 3 次在梁和楼板安装后校正，以消除梁柱接头因电焊产生的偏差。

柱的校正包括垂直度校正和水平度校正。其垂直度的校正一般采用经纬仪、线坠进行。如图 5-8 所示。

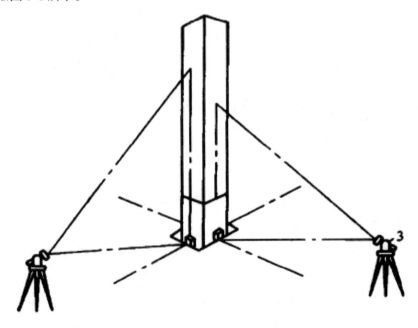

图 5-8   柱子的垂直度校正

2. 梁、板安装

框架结构的梁有普通梁和叠合梁两种。框架结构的楼板一般根据跨度和楼面荷载选择，可分为预应力空心板、预应力密肋楼板等。板一般都搁在梁上，用细石混凝土浇灌接缝以增强期结构的整体性。梁的安装过程一般有梁的绑扎、起吊、就位、校正和最后固定。板的安装过程与柱和梁的安装过程基本相同。如图 5-9 所示。

图 5-9　将预制的预应力混凝土薄板吊装到预制梁之间

3. 墙板结构构件吊装

墙板安装前应复核墙板轴线、水平控制线，正确定出各楼层标高、轴线、墙板两侧边线、墙板节点线、门窗洞口位置线、墙板编号及预埋件位置。

墙板安装顺序一般采用逐间封闭法。当房屋较长时，墙板安装宜由房屋中间开始，先安装两间，构成中间框架，称标准间，然后再分别向房屋两端安装。当房屋长度较少时，可由房屋一端的第二开间开始安装，并使其闭合后形成一个稳定结构，作为其他开间安装时的依靠。

墙板安装时，应先安内墙，后安外墙，逐间封闭，随即焊接。这样可减少误差累计，施工结构整体性好，临时固定简单方便。

墙板安装的临时固定设备有操作平台、工具式斜撑、水平拉杆、转角固定器等。在安装标准间时，用操作平台或工具式斜撑固定墙板和调整墙的垂直度。其他开间则可用水平拉杆和转角器进行临时固定，用木靠尺检查墙板垂直度和相邻两块墙板板面的接线。如图 5-10 所示。

图 5-10　墙板的工具式斜撑

（二）构件接头

在装配式框架结构中，构件接头形式和施工质量直接影响整个结构的稳定性和刚度。因此，要选好柱与柱、柱与梁的接头形式。在柱头施工时，应保证钢筋焊接和二次灌浆的质量。

1. 柱接头的形式

柱接头的形式有榫式接头、插入式接头和浆锚式接头三种。

（1）榫式接头是上柱和下柱外露的受力钢筋用剖口焊焊接，配置一定数量的箍筋，最后浇灌接头混凝土以形成整体。见图 5-11（a）所示。

（2）插入式接头是将上柱做成榫头，下柱顶部做成杯口，上柱插入杯口后用水泥砂浆灌筑填实。见图 5-11（b）所示。

（3）浆锚式接头是将上柱伸出的钢筋插入下柱的预留孔中，然后用浇筑柱子混凝土所用的水泥配制 1∶1 水泥砂浆，或用 52.5 MPa 水泥配制不低于 M30 的水泥砂浆灌缝锚固上柱钢筋形成整体。见图 5-11（c）所示。

2. 梁柱的接头

装配式框架结构中，柱与梁的接头可做成刚接，也可做成铰接。接头做法很多，常用的有明牛腿式刚性接头、齿槽式梁柱接头、浇筑整体式梁柱接头、钢筋混凝土暗牛腿梁柱接头、型钢暗牛腿梁柱接头等。最常用的接头形式为浇筑整体式。整体式接头将梁与柱、柱与柱节点整体浇筑在一起。如图 5-12 所示。

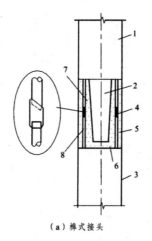

（a）榫式接头

1—上柱；2—上柱榫头；3—下柱；4—剖口焊；5—下柱外伸钢筋；6—砂浆；
7—上柱外伸钢筋；8—后浇接头混凝土。

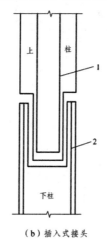

（b）插入式接头

1—榫头纵向钢筋；2—下柱杯口。

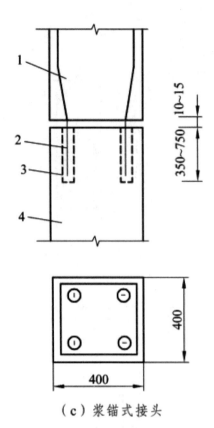

（c）浆锚式接头

图 5-11　柱接头的形式

1—上柱；2—上柱外伸锚固钢筋；3—浆锚孔；4—下柱。

图 5-12　预制框架柱和预制框架梁的现浇节点钢筋构造

第二节　剪力墙结构施工

　　预制装配式剪力墙结构是因为由大型内外墙板以及叠合的楼板，还有一些预制的混凝土板材和构件装配而成。又叫作预制装配式大板结构，它具有满足抗震设计和可靠节点连接的前提下，其力学模型相当于现浇混凝土剪力墙结构。一些预制的楼板大多是采用叠合的楼板。预制外墙板主要采用的是实心和空心这样两种类型的墙板。

　　在对预制的空心墙板进行施工时，需要保证结构构件连接的整体性连接性，还要达到相应的抗震的设计要求，在相关的节点的设计方面要满足防止渗漏和热工等构件方面的要求。预制的实心墙板结构操作的关键环节是，怎样解决预制墙板之间的水平缝和竖向的接缝情况，以及水平受力钢筋和竖向实际受力钢筋的连接问题。上面提及的预制空心墙板的结构，实际上是预制和现浇进行结合的结构技术。我们在对预制的空心墙板和结合板进行装配之后，还需要布置受力的钢筋，在空心墙板里面和叠合楼板面需要同时浇筑混凝土，从而形成整体的结构。这样进行操结构的主要特点是，整体的结构性能良好，在节点的构造处很容易进行处理，预制的墙板之间存在的水平缝和竖向的缝在实际处理起来很简单，这就可以避免出现接缝开裂方面的问题。但是主要的缺点是需要在现场进行混凝土的浇筑，对于墙板预制方面的工艺设备要求较高，在需要达到七级以上抗震设防的地区和一些高层建筑中，需要解决好受力钢筋实际连接的主要问题。

一、剪力墙结构施工工艺流程

装配整体式剪力墙结构是住宅建筑中常见的结构体系，其传力途径为楼板→剪力墙→基础→地基，采用剪力墙结构的建筑物室内无突出于墙面的梁、柱等结构构件，室内空间规整。剪力墙结构的主要受力构件剪力墙、楼板及非受力构件墙体、外装饰等均可预制。预制构件种类一般有预制围护构件（包含全预制剪力墙、单层叠合剪力墙、双层叠合剪力墙、预制混凝土夹心保温外墙板、预制叠合保温外墙板、预制围护墙板）、预制剪力墙内墙、全预制梁、叠合梁、全预制板、叠合板、全预制阳台板、叠合阳台板、预制飘窗、全预制空调板、全预制楼梯、全预制女儿墙等。其中，预制剪力墙的竖向连接可采用螺栓连接、钢筋套筒灌浆连接、钢筋浆锚搭接连接；预制围护墙板的竖向连接一般采用螺纹盲孔灌浆连接。

剪力墙结构施工工艺流程为引测控制轴线→楼面弹线→水平标高测量→钢筋调整→粘贴橡塑棉条→预制墙板逐块安装（控制标高垫块放置→起吊、就位→临时固定→脱钩、校正→锚固筋安装、梳理）→塞缝→墙体灌浆→现浇剪力墙钢筋绑扎（机电暗管预埋）→剪力墙模板→剪力墙混凝土浇筑→墙体拆模→放线→支架安装→梁模板、顶板支模→叠合板吊装→空调板安装→现浇楼板钢筋绑扎（机电暗管预埋）→混凝土浇捣→养护→预制楼梯吊装。

二、剪力墙结构施工准备

在进行预制剪力墙结构施工前，应首先做好定位放线，经校正确定主控线无误之后，应当运用经纬仪把主控线逐步引入各层楼面，之后按照经纬仪及竖向构件布置图所要求用标准卷尺所测出建筑物墙体构件边线、测量控制线、剪力墙暗柱位置线、建筑柱轴线、剪力墙、墙体洞口边线，最后用墨线在结构面上弹出痕迹。用墨线在 500 mm 处的竖向预制构件下端将标高线弹出，并且用油漆做出具体的标记。

（一）现浇基础结构板的钢筋预留

1.基础底板根据设计院提供的样板间图纸进行绑筋，并根据预制墙体部品的套筒位置进行钢筋预留。钢筋预埋的位置要与预制墙体部品套筒位置相对应，在预埋钢筋的上部使用定位钢板进行定位，钢板定位分两次进行，墙体浇筑前固定一次，顶板混凝土浇筑前固定一次，墙体模板浇筑混凝土前在模板上口安装定位钢板、定位钢板根据预留钢筋直径（钢板预留孔直径比钢筋大 2 mm），叠合板吊装完成后以保证混凝土浇筑时预埋钢筋不会跑位偏移。每层顶板浇筑前均安装此固定钢板。如图 5-13 所示。

（a）钢筋定位钢板实例

（b）钢筋定位钢板实例

图 5-13　钢筋定位钢板

2. 安装精度方面通过使用红外线仪器精确定位，并有质检员逐个验收，确保安装合格之后才允许浇筑混凝土。如图 5-14 所示。

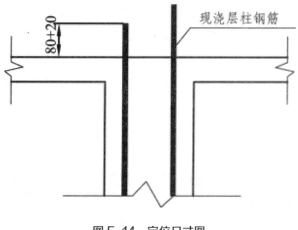

图 5-14　定位尺寸图

（二）施工放线

1. 放线准备工作

（1）PC 板施工方在放线前要与结构施工方进行水平基准线、轴线的交付验收。

（2）对放线人员进行交底、培训熟悉图纸。

（3）由放线人员按照安装施工图在底板和墙板位置放线，将 PC 构件按型号在结构上放出该构件线的位置，并标注上该构件的编号或型号。

（4）验线：检查水平方向和垂直方向控制线是否正确，检查板与标高线及轴线控制线是否正确。

（5）将检查结果反馈给工程总包方审批，对于结构预埋件偏差错埋或漏埋等问题提出解决方案。

（三）放线作业

根据定位轴线放预制墙体部品的定位控制线。测量放线是装配整体式剪力墙结构施工中要求最为精确的一道工序，对确定预制部品安装位置及高度起着重要作用，也是后序工作的位置准确的保证。装配整体式剪力墙结构工程放线遵循先整体后局部的程序。吊装预制构件前需要投放①轴线；②墙体轮廓线；③墙体定位控制线（轮廓线以外 300 mm）；④预制墙板纵横轴线；⑤梁支模控制线；⑥支撑体系的平面网格线（立杆），斜撑拉杆的定位固定点（固定点用红色油漆进行标识）。叠合板位置控制线。施工放线采用外控及内控双控法。具体操作如下：

1. 使用水准仪、经纬仪、铅垂仪并利用辅助轴线，将叠合板下部剪力墙轴线返到本层（外控及内控），进行复核，轴线无误后作为本层墙体控制线。

2. 使用原始控制点核对标高，进行本层墙体底面抄平后，做找平垫块，以此来控制墙体安装标高。

3. 剪力墙预制板安装完成后，利用水准仪将每层建筑标高放到预制墙板及剪力墙结构上，使用红色标记标出相应标高作为预制叠合板部品安装基准线。

4. 使用原始控制轴线作为基准控制线，利用经纬仪将每一预制叠合板安装位置放到预制墙体预制板上。同时核对后浇带的位置，确定无误后方可吊装叠合板预制叠合板。

5. 另外叠合板混凝土浇筑前，需要用水平仪做好控制线和点，以便混凝土浇筑时能控制住楼板，现浇梁等的设计标高。控制点以室内地面 ±0.00 为准，则室内地面上 1 000 mm 处为一米线，一米线垂直往上一个楼层则为下一个楼层的一米线，这个一米线可以作为叠合楼板、梁等的控制点和线。

6. 控制点标记在预制剪力墙预留的竖向外露钢筋上，并用白胶带上边线对准控制点缠好，然后用水平仪、标尺等设备测出其他钢筋控制点位置并缠好白胶带。在白胶带上边线位置系上细线，形成控制线，控制住楼板、梁混凝土施工标高。

7. 楼梯梁安装时要根据基准轴弹出楼梯梁轴线，并且用水准仪抄测楼梯梁标高位置。在以给出楼梯梁预留洞标注。楼梯安装时要与下层楼梯井保持纵向通线。

三、剪力墙结构施工吊装流程

（一）吊装设备设置要求

1. 在招标文件中应明确使用 PC 技术的部位。在施工单位进行塔吊选型前，应完成施工图的 PC 转换设计，以便施工单位根据最大吊重和最远端吊重以及作业半径进行塔吊选型。

2. 对于墙体采用 PC 技术的项目，在 PC 转换设计时应与总包单位进行充分沟通，就塔吊附墙点的位置、标高进行确认，确认塔吊附墙部位。

3. 采用 PC 预制墙体的，就预制墙体能否满足塔吊锚固的承载力要求进行确认。

4. 塔吊基础的设计、施工安装、以及拆除等按照常规进行。

（二）预制剪力墙构件吊装施工工艺

1. 工艺流程

墙板吊装就位→支撑→校正→支撑加固→浆锚管注浆→墙板连接拼缝注浆。

2. 操作工艺

（1）竖向构件吊装应采用慢起、快升、缓放的操作方式。

（2）竖向构件底部与楼面保持 20 mm 空隙，确保灌浆料的流动；其空隙使用 1～10 mm 不同厚度的垫铁，确保竖向构件安装就位后符合设计标高。

（3）竖向构件吊装前先检查预埋构件内的吊环是否完好无损，规格、型号、位置正确无误，构件试吊时离地不大于 0.5 m。起吊应依次逐级增加速度，不应越档操作。构件吊装下降时，构件根部系好缆风绳控制构件转动，保证构件就位平稳。

（4）构件距离安装面约 1.5 m 时，应慢速调整，调整构件到安装位置；楼地面预留插筋与构件预留注浆管逐根对应，全部准确插入注浆管后，构件缓慢下降；构件距离楼地面约 30 cm 时由安装人员辅助轻推构件或采用撬棍根据定位线进行初步定位

（5）竖向构件就位时，应根据轴线、构件边线、测量控制线将竖向构件基本就位后，利用可调式斜支撑上下连接板通过螺栓和螺母将竖向构件楼面临时固定，竖向构件与楼面保持基本垂直后摘除吊钩。

（6）根据竖向构件平面分割图及吊装图，对竖向构件依次吊装就位，竖向构件就位后应立即安装斜支撑，每竖向构件用不少于 2 根斜支撑进行固定，斜支撑安装在竖向构件的同一侧面，斜支撑与楼面的水平夹角不应小于 60°。

将地面预埋的拉接螺栓进行清理，清除表面包裹的塑料薄膜及迸溅的水泥浆等，露出连接丝扣；将构件上套筒清理干净，安装螺杆。注意螺杆不要拧到底，与构件表面空隙约 30 mm。

安装斜向支撑应将撑杆上的上下垫板沿缺口方向分别套在构件上及地面上的螺栓上。安装时应先将一个方向的垫板套在螺杆上，然后转动撑杆，将另一方向的垫板套在螺杆上；将构件上的螺栓及地面预埋螺栓的螺母收紧。同时应查看构件中预埋套筒及地面预埋螺栓是否有松动现象，如出现松动，必须进行处理或更换；转动斜撑，调整构件初步垂直；松开构件吊钩，进行下一块构件吊装。用靠尺量测构件的垂直偏差，注意要在构件侧面进行量测。

（7）通过线锤或水平尺对竖向构件垂直度进行校正，转动可调式斜支撑中间钢管进行微调，直至竖向构件确保垂直；用 2 m 长靠尺、塞尺、对竖向构件间平整度进行校正，确保墙体轴线、墙面平整度满足质量要求，外墙企口缝要求接缝平直。

（三）质量要求

1.质量要求见表 5-1。

2.预制构件外饰面材料发生破损时，应在安装前修补，涉及结构性的损伤，应由设计、施工和构件加工单位协商处理，满足结构安全、使用功能。

通常来说，单个 PC 项目要求塔机端部起重量在两台 2 t 以上或一台 3.5 t 的来完成吊装任务。PC 吊装塔机型号基本在 160 ~ 350 t·m 区间，满足 PC 吊装的载荷要求。

表 5-1　质量要求

项目	允许偏差 /mm	检验方法
轴线位置	5	钢尺检查
表面垂直度	5	经纬仪或吊线、钢尺检查
楼层标高	±5	水准仪或拉线、钢尺检查
构件安装允许偏差	±5	钢尺检查

首先做好安装前的准备工作，对基层插筋部位按图纸依次校正，同时将基层垃圾清理干净，松开吊架上用于稳固构件的侧向支撑木楔，做好起吊准备。

预制外墙板吊装时将吊扣与吊钉进行连接，再将吊链与吊梁连接，要求吊链与吊梁接近垂直，另外，PCF 板通过角码连接，角码固定于预埋在相邻剪力墙及 PCF 板内的螺丝。开始起吊时应缓慢进行，待构件完全脱离支架后可匀速提升，如图 5-15 所示。

图 5-15　吊装图

预制剪力墙就位时，需要人工扶正预埋竖向外露钢筋与预制剪力墙预留空孔洞

——对应插入，另外，预制墙体安装时应以先外后内的顺序，相邻剪力墙体连续安装，PCF 板待外剪力墙体吊装完成及调节对位后开始吊装，如图 5-16 所示。

（a）预制剪力墙吊装

（b）预制剪力墙插筋

图 5-16 预制剪力墙就位

为防止发生预制剪力墙倾斜等现象，预制剪力墙就位后，应及时用螺栓和膨胀螺丝将可调节斜支撑固定在构件及现浇完成的楼板面上，通过调整斜支撑和底部的固定角码对预制剪力墙各墙面进行垂直平整检测并校正，直到预制剪力墙达到设计要求范围，然后固定，如图 5-17 所示。

图 5-17　斜支撑固定

最后待预制件的斜向支撑及固定角码全部安装完成后方可摘钩，进行下一件预制件的吊装，同时，对已完成吊装的预制墙板进行校正。墙板垂直方向校正措施：构件垂直度调节采用可调节斜拉杆，每一块预制部品在一侧设置 2 道可调节斜拉杆，用 4.8 级 φ 16×40 mm 螺栓将斜支撑固定在构件预制构件上，底部用预埋螺丝将斜支撑固定在楼板上，通过对斜支撑上的调节螺丝的转动产生的推拉校正垂直方向，校正后应将调节把手用铁丝锁死，以防人为松动，保证安全，如图 5-18、图 5-19 所示。

主体预制墙板底堵缝：在预制墙体部品吊装之前，在预制墙体部品底部位置三面用座浆料堵缝（因外侧已用橡塑棉条封堵密实）度约为 20 mm。以保证预制墙体根部的密封严密，为注浆做好准备工作。如图 5-20 所示。

图 5-18 转动斜支撑杆件、调节墙体垂直度

图 5-19 斜支撑固定

图 5-20　主体预制墙板底堵缝

（四）预制墙板间的钢筋绑扎及现浇墙体钢筋绑扎

外墙预留节点部位待外墙安装就位后在进行节点绑扎。墙板间钢筋绑扎顺序为、先放置箍筋然后再从上面安装墙体竖筋（这样施工便于操作）。节点绑扎要求绑扎牢固，严禁丢扣、拉扣。如图 5-21 所示。

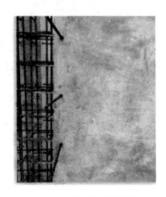  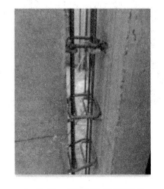

（a）外墙转角钢筋绑扎　　　（b）"L"型节点钢筋绑扎　　　（c）墙—墙连接钢筋绑扎

图 5-21　钢筋绑扎图

内墙为全现浇剪力墙，钢筋现场加工制作安装，直径 16 以上（含 16）采用等强机械连接技术；直径小于 16 的采用绑扎搭接连接。

现浇墙体钢筋绑扎施工工序基本步骤：

1.首先根据所弹墙线，调整墙体预留钢筋，绑扎时竖筋水平筋相对位置按设计要求，墙体钢筋先绑暗柱钢筋，然后绑上下各一道水平筋，接着按立上梯子筋，与水平筋绑牢，在水平筋上划分立筋间距，按线绑扎墙立筋，再画线绑扎水平筋。墙体钢筋搭接接头绑扣不少于 3 道，绑丝扣应朝内。

2. 墙筋绑扎前在两侧各搭设两排脚手架，步高 1.8 m，脚手架上满铺脚手板。

3. 绑扎前先对预留竖筋拉通线校正，之后再接上部竖筋。水平筋绑扎时拉通线绑扎，保证水平一条线。墙体的水平和竖向钢筋错开连接，钢筋的相交点全部绑扎，钢筋搭接处，在中心和两端用铁丝扎牢，保证墙体两排钢筋间的正确位置。

4. 墙筋上口处放置墙筋梯形架（墙筋梯形架用钢筋焊成，周转使用），以此检查墙竖筋的间距，保证墙竖筋的平直。梯形架与模板支架固定，保证其位置的正确性。

5. 墙体钢筋在楼层处布设竖向钢筋架立筋、拉筋。

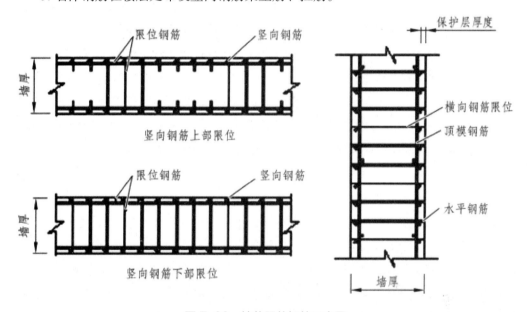

图 5-22 墙体限位钢筋示意图

6. 用塑料卡控制保护层厚度。将塑料卡卡在墙横筋上，每隔 1 m 纵横设置一个。

7. 墙筋上口处放置墙筋梯形架塑料卡控制保护层厚度。

四、剪力墙结构施工吊装要点

1. 预制构件的吊装须经试验室确定同条件养护试件强度达到设计强度等级的 100% 时方可进行。

2. 预制构件脱模起吊时必须有质检人员在场，对外观逐件进行目测检查，合格品加盖合格标识；有质量缺陷的预制构件做出临时标记，凡属表面缺陷（蜂窝、麻面、硬伤、局部露副筋等）经及时修补合格后可加盖合格标识。

3. 预制构件堆放场地应平整坚实、排水良好。设计专用钢制堆放架，减少场地占用量。预制构件用 120 mm × 120 mm 垫木垫起。

4. 预制构件运输采用 55 t 运输车，底铺垫木，构件采用打摞器固定。

第三节　框架结构施工

框架结构中全部或部分框架梁、柱采用预制构件建成的装配整体式混凝土结构，简称装配整体式框架结构。

预制装配式结构，主要由预制的梁、板、柱和剪力墙等构建装配而成，这也是梁、板和柱的体系。预制的楼板大多是采用叠合楼板，预制梁大多是采用叠合梁。这样的结构的优点是结构受力方面很明确，实际建造的速度很快，建筑建设中可以实现对劳动力的节省，对于节点的施工工艺很简单。一旦节点采取比较可靠的施工工艺的时候，就可以采取和现浇结构相同设计的方法。竖向的受力构件可以依据需要替换成为现浇构件。对于建筑空间的布置方面具有灵活的特点，很容易实现大空间。当然，这样的结构也存在一定的缺点，这样的结构对于主筋灌浆锚固实际要求很高，室内很容易出现凸梁和凸柱的情况，对于外墙的维护部分的构造也相对比较复杂，主要适合多层住宅和抗震的等级在 6 级以下的设防地区。

装配整体式框架结构是常见的结构体系，主要应用于空间要求较大的建筑，如商店、学校、医院等。其传力途径为楼板→次梁→主梁→柱→基础→地基，结构传力合理，抗震性能好。框架结构的主要受力构件梁、柱、楼板及非受力构件墙体、外装饰等均可预制。预制构件种类一般有全预制柱、全预制梁、叠合梁、预制板、叠合板、预制外挂墙板、全预制女儿墙等。全预制柱的竖向连接一般采用灌浆套筒逐根连接。

一、框架结构施工工艺原理

依照工程结构特点，为方便构件制作和安装的原则，根据不同类型的预制构件进行深化设计，保证相同类型的构件截面尺寸和配筋尽量进行统一，确保构件标准化生产。

采用构件安装于现浇作业同步进行的方式，即预制叠合构件安装与楼板现浇同步施工，通过叠合层混凝土浇筑形成整体。本工法需对预制构件深化设计、生产、运输、存放、吊装、安装、连接、现浇节点处理以及成品保护等各个环节质量进行严格控制。通过预制构件专用吊装、就位、安装等工器具的使用，使得结构施工便捷、质量可靠、提高劳动生产率，达到节能减排等社会效益。

二、框架结构施工准备

（一）预构件平面图深化设计

1. 依据图纸，进行预制件的深化设计，进行电气管线排布、设备留槽等以后后续施工预埋深化设计。

2. 根据图纸，进行预制件的尺寸复核，重点检查预制件的尺寸是否与框架梁的位置相符，预制楼梯段的加工尺寸是否与楼梯梁位置、尺寸相符。

3. 预制楼板应考虑水电管线预留位置、管线直径、线盒位置、尺寸、留槽位置等因素。

（二）预构件运输

1. 预制件根据其安装状态受力特点，指定有针对性的运输措施，保证运输过程构件不受损坏。

2. 构件运输前，根据运输需要选定合适、平整坚实路线，车辆启动应慢、车辆行驶均匀，严禁超速、猛拐和急刹车。

（三）预制构件存放

1. 根据施工进度情况，为保证工序遵接，要求施工现场捏前存放两车的预制构件。

2. 预制件运至现场后，根据总平面布置进行件存放，件存放应按照吊装顺序及流水段配套堆放。

（四）吊装前准备

1. 预制件吊装前根据件类型准备吊具。加工模数化通用吊装梁（图5-23），模数化通用吊装梁根据各种件吊装时不同的起吊点位置，设置模数化吊点，确保预制件在吊装时钢丝绳保持竖直，避免产生水平分力导致构件旋转问题。

2. 预制件进场存放后根据施工流水计划在件上标出吊装顺序号，标注顺序号与纸上序号一致。

3. 所有预制构件吊装之前必须将构件各个截面的控制线标示完成，可以节省吊装校正时间，也有利于预制楼板的安装质量控制。

4. 所有预制构件吊装之前，需要将所有预埋件埋设准确，将地面清理干净。

（五）吊装前的人员培训

1. 根据件的受力特征进行专项技术交底培训，确保件吊装时依照件原有受力情况，防止构件吊装过程中发生损坏。

图 5-23　吊装梁

2. 根据构件的安装方式准备必要的连接工器具，确保安装快捷，连接可靠。

3. 根据构件的安装要求，进行构件吊装、安装、调增就位等专门培训，规范操作顺序，增强施工人员的操作质量意识。

三、框架结构施工吊装流程

（一）柱子施工

一般沿纵轴方向往前推进，逐层分段流水作业，每个楼层从一端开始，以减少反复作业，当一道横轴线上的柱子吊装完成后，再吊下一道横轴线上的柱子。清理柱子安装部位的杂物，将松散的混凝土及高出定位预埋钢板的黏结物清除干净，检查柱子轴线，定位板的位置、标高和锚固是否符合设计要求。对预吊柱子伸出的上下主筋进行检查，按设计长度将超出部分割掉，确保定位小柱头平稳地坐落在柱子接头的定位钢板上。将下部伸出的主筋理直、理顺，保证同下层柱子钢筋搭接时贴靠紧密，便于施焊。柱子吊点位置与吊点数量由柱子长度、断面形状决定，一般选用正扣绑扎，吊点选在距柱上端 600 mm 处卡好特制的柱箍，在柱箍下方锁好卡环钢丝绳，吊装机械的钩绳与卡环相钩区用卡环卡住，吊绳应处于吊点的正上方。慢速起吊，待吊绳绷紧后暂停上升，及时检查自动卡环的可靠情况，防止自行脱扣，为控制起吊就位时不来回摆动，在柱子下部拴好溜绳，检查各部连接情况，无误后方可起吊。

（二）梁施工

按施工方案规定的安装顺序，将有关型号、规格的梁配套码放，弹好两端的轴线（或中线），调直理顺两端伸出的钢筋。在柱子吊完的开间内，先吊主梁再吊次梁，分间扣楼板。按照图纸上的规定或施工方案中所确定的吊点位置，进行挂钩和锁绳。注意吊绳的夹角一般不得小于 45°。如使用吊环起吊，必须同时拴好保险绳。当采用兜底吊运时，必须用卡环卡牢。挂好钩绳后缓缓提升，绷紧钩绳，离地 500 mm 左右时停止上升，认真检查吊具的牢固，拴挂安全可靠，方可吊运就位。吊装前再次检查柱头支点钢垫的标高、位置是否符合安装要求，就位时找好柱头上的定位轴线和梁上轴线之间的相互关系，以便使梁正确就位。梁的两头应用支柱顶牢。为了控制梁的位移，应使梁两端中心线的底点与柱子顶端的定位线对准。将梁重新吊起，稍离支座，操作人员分别从两头扶稳，目测对准轴线，落钩要平稳，缓慢入座，再使梁底轴线对准柱顶轴线。梁身垂直偏差的校正是从两端用线坠吊正，互报偏差数，再用撬棍将梁底垫起，用铁片支垫平稳严实，直至两端的垂直偏差均控制在允许范围之内。

图 5-24　叠合梁示意图

1. 工艺流程

预制叠合梁吊装就位→精确校正轴线标高→临时固定→支撑→松钩。

2. 操作工艺

（1）检查预制叠合梁的编号、方向、吊环的外观、规格、数量、位置、次梁口位置等，选择吊装用的钢梁扁担，吊索必须与预制叠合梁上的吊环一一对应。

（2）吊装预制叠合梁前梁底标高、梁边线控制线在校正完的墙体上用墨斗线弹出。

（3）先吊装主梁后吊装次梁；吊装次梁前必须对主梁进行校正完毕。

（4）预制叠合梁搁置长度为 15 mm，搁置点位置使用 1 ~ 10 mm 垫铁，预制叠合梁就位时其轴线控制根据控制线一次就位；同时通过其下部独立支撑调节梁底标高，待轴线和标高正确无误后将预制叠合梁主筋与剪力墙或梁钢筋进行点焊，最后卸除吊索。

（5）一道预制叠合梁根据跨度大小至少需要两根或以上独立支撑。在主次叠合梁交界处主梁底模与独立支撑一次就位。

3. 质量要求

（1）水平构件就位的同时，应立即安装临时支撑，根据标高、边线控制线，调节临时支撑高度，控制水平构件标高。

（2）临时支撑距水平构件支座处不应大于 500 mm，临时支撑沿水平构件长度方向间距不应大于 2 000 mm；对跨度大于等于 4 000 mm 的叠合板，水平构件中部应加设临时支撑起拱，起拱高度不应大于板跨的 3‰。

（三）叠合板施工

1. 施工流程

放线→检查支座及板缝硬架支模上平标高→画叠合板位置线→安装墙体四周硬架→安装独立钢支撑→框梁支模绑筋→叠合楼板吊装就位→调整支座处叠合板搁置长度→整理叠合板甩出钢筋→水电管线铺设→上层钢筋绑扎→现浇层混凝土浇筑。

2. 工艺做法

（1）放线、标高检测。

根据支撑平面布置图，在楼面上画出支撑点位置，根据顶板平面布置图，在墙顶端弹出叠合板边缘垂直线。

（2）圈边木方硬架安装。

①叠合板与剪力墙顶部有 2 cm 缝，用 5# 槽钢加工制作定型托撑，利用模板最上层螺杆孔，水平间距按照外墙板预留孔间距（最大不超过 800 mm），用方木背衬竹胶板封堵；同时在方木顶与叠合板接触部位贴双面胶带，确保接缝不漏浆。

②外墙预制墙板内侧墙面，在预制场加工的时候预埋好螺栓孔，可以在墙体内侧加固螺栓用。

（3）叠合板支撑架安装。

①预制墙体部品安装完成后，现浇墙体拆模后，按支撑平面位置图；支撑专用三脚架安装支撑。

②安放其上龙骨，龙骨顶标高为预制叠合板下标高。

③首层及屋面结构板均采用独立钢支撑，按两层满配考虑。

④根据支撑平面布置图进行放线定位后放置钢支撑，调至合适的高度。

⑤在钢支撑顶搁置主龙骨，主龙骨为铝合金龙骨，铝龙骨开口水平。龙骨的铺设方向与叠合板板缝方向垂直。

⑥现浇墙体顶部与叠合板相交处，墙立面粘贴 10 mm 宽密封条、做圈边木方，避免墙板相交处流浆。

⑦在主龙骨上铺设叠合板。现浇楼板处在主龙骨（10# 槽钢）上铺设次龙骨（60 mm×80 mm 方木），方木上铺设多层板。

（4）梁支模。

①安装顺序。

复核梁底标高、校正轴线位置→搭设梁模支架→安装梁木方→安装梁底模→安装两侧模板（硬架固定）→绑扎梁钢筋→穿对拉螺栓→安装梁口钢楞，拧紧对位螺栓→复核梁模尺寸、位置→与相邻梁模连接牢固。

②施工要点。

梁模板采用的模板必须按图纸尺寸进行加工，以提高支模速度，保证模板空间位置尺寸准确，减少接缝，梁下部用夹具夹紧。梁模采用定型化模板。

梁跨度大于 4 m 时，在支模前按设计及规范要求起拱 1‰ ~ 3‰。

（5）叠合板施工安装。

叠合板施工安装工艺流程图：检查支座及板缝硬架支模上平标高→画叠合板位置线→吊装叠合板→调整支座处叠合板搁置长度→整理叠合板甩出钢筋。

安装叠合板前应认真检查硬架支模的支撑系统，检查墙或梁的标高、轴线，以及硬架支模的水平楞的顶面标高，并校正。画叠合板位置线：在墙、梁或硬架横楞上的侧面，按安装图画出板缝位置线，并标出板号。拼板之间的板缝为 215 mm。叠合板吊装就位：若叠合板有预留孔洞时，吊装前先查清其位置，明确板的就让方向。同时检查、排除钢筋等就位的障碍。吊装时应按预留吊环位置，采取四个吊环同步起吊的方式。就位时，应使叠合板对准所划定的叠合板位置线，按设计支座搁置年度慢降到位，稳定落实。受锁具及吊点影响，板起吊后有时候翘头，板的各边不是同时下落，对位时需要三人对正：两个人分别在长边扶正，一个人在短边用撬棍顶住板，将角对准墙角（三点共面）、短边对准墙下落。这样才能保证各边都准确地落在墙边。

调整叠合板支座处的搁置长度要用撬棍按图纸要求的支座处的搁置长度，轻轻调整。必要时要借助吊车绷紧钩绳（但板不离支座），辅以人工用撬棍共同调整搁置长度。将叠合板用撬棍校正，各边预制部品均落在剪力墙、现浇梁上 1.5 cm，预制部品预留钢筋落于支座处后下落，完成预制部品的初步安装就位。

预制部品安装初步就位后，应用支撑专用三脚架上的微调器及可调节支撑对部品进行三向微调，确保预制部品调整后标高一致、板缝间隙一致。根据剪力墙上 500 mm 控制线校板顶标高。

按设计规定，整理叠合板四周甩出的钢筋，不得弯 90°，亦不得将其压于板下。如图 3-25 所示。

（6）叠合板板缝施工安装。

本工程长宽尺寸较大的楼板拆分成若干块预制叠合板部品，在这些预制叠合板部品之间设置有宽 300 mm 的后浇带。所以需要进行后浇带支模，后浇带支模的模板宽为 500 mm，每边宽出后浇带 100 mm 防止漏浆现象（叠合板底缝两侧粘贴 10 mm 宽密封条）。如图 5-26 所示。

（a）叠合板吊装

（b）预制叠合板部品安装

（c）预制叠合板调整

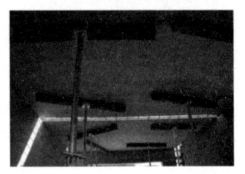

（d）预制叠合板入支座 10 mm

（e）预制叠合板标高调整　　　　　　　（f）校核预制叠合板底标高

图 5-25　预制叠合板施工

图 5-26　预制叠合板底后浇带支模

（7）水暖电气管线预埋。

　　预制叠合板部品安装完成之后，进行水暖电气管线预埋工程。预埋管线工程主要包括电气管线预埋和水暖管线预埋，管线预埋几乎都在叠合楼板未浇筑的上半层楼板上施工。其中预埋水暖管与墙体内预置水暖管必须接口封密，应使用相应设备检测，符合国家验收标准。

　　（8）叠合板绑扎上层钢筋。

　　①梁钢筋绑扎（叠合板安装前完成）。

　　工艺流程：安放梁底模→穿梁主筋、套箍筋→绑扎梁钢筋→专业安装→安放垫块→隐检

　　施工做法：在绑扎钢筋前先对梁底模预检。合理安排主次梁筋的绑扎顺序，加密

箍筋和抗震构造筋按设计和施工规范不得遗漏。当梁钢筋水平交叉时主梁在下、次梁在上。对于梁内双排及多排钢筋的情况，为保证相邻两排钢筋间的净距，在两排钢筋间垫 φ 25 的短钢筋。在梁箍筋上加设塑料定位卡，保证梁钢筋保护层的厚度。

②板钢筋绑扎。

工艺流程：叠合板安装→板缝模板安装→绑扎板缝下铁钢筋安放垫块→专业施工→绑扎上层钢筋→隐检验收。

施工做法：板缝钢筋绑扎完成后，做好预埋件、电线管、预留孔等及时配合安装。专业完成后，在叠合板钢筋桁架上按图纸要求划出负筋间距，按间距摆放后进行绑扎，无负筋部位设置温度筋，绑扎板钢筋时用顺扣或八字扣，除外围两根钢筋的相交点全部绑扎外，其余各点可交错绑扎。板筋在支座处的锚固伸至中心，且不少于 5d。

（9）叠合板混凝土浇筑。

现浇层混凝土为 70 mm，浇筑前架设施工马道防止上铁钢筋被人为踩压弯曲，浇筑前清理基层并洒水湿润，使现浇层混凝土与叠合板结合紧密。

梁、板应同浇筑时，浇筑方法应由一端开始，用"赶浆法"浇筑，先浇筑梁，根据梁高分层浇筑成阶梯形，当达到位置时再与板的混凝土一起浇筑，随着阶梯形不断延伸，梁板混凝土浇筑连续向前进行。

和板连成整体的梁，浇捣时，浇筑与振捣必须紧密配合，第一层下料慢些，梁底充分振实后再下二层料，用"赶浆法"保持水泥浆沿梁底包裹石子向前推进，每层均应振实后再下料，梁底及梁帮部位要注意振实，振捣时不得触动钢筋及预埋件。浇筑板混凝土时不允许用振捣棒铺摊混凝土。

待梁混凝土浇筑完初凝前在浇筑顶板混凝土，混凝土虚铺厚度应略大于板厚，用插入式振捣器振捣，现浇楼板施工面积较大，容易漏振，振捣手应站位均匀，避免造成混乱而发生漏振。双层筋部位采用插振，每次移动位置的距离不应大于 400 mm，单层筋采用振捣棒拖振间距 300 mm。

用墙柱钢筋的 50 线上挂线控制顶板混凝土浇筑标高。用 4 m 长刮杠刮平，特别是墙根部 100 mm 宽范围内表面平整度误差不得超过 2 mm（顶板的墙体根部是施工中控制的重点，控制方法为：墙体根部预留使用顶板找平筋，间距不大于 2 m 来控制墙体根部的标高及平整度）。在混凝土初凝前与终凝之间用木抹子搓压三遍。最后用塑料毛刷扫出直纹（毛刷配合杠尺，将刷纹拉直、匀称）。用塑料毛刷扫出直纹是最后一道工序，必须等木抹子揉压三遍后进行，且最后一遍木抹子揉压时间不得过早，否则，扫完毛纹后出现泌水现象而影响质量。

（10）各部位混凝土的养护。

①墙柱混凝土的养护：在墙柱模板对拉螺栓撤出，模板落地以后，立即在墙体的

表面浇水，保持湿润，防止养护剂涂刷之前墙体混凝土水分散失太快；在模板调运走以后，立即在墙体表面涂刷养护剂，继续对混凝土进行养护。

②顶板混凝土养护：采用浇水养护与盖塑料布相结合的方法，塑料布应在养护浇完第一次水后覆盖（非雨天施工，如遇雨天，浇完后立即覆盖），第一次浇水养护的时间，应根据现场条件及温度而定，先适量洒水试验，混凝土不起包不起皮即可浇水。等表面微微泛白时，再次浇水，保持 7 d。

（四）预制楼梯施工

1. 预制楼梯施工工况。

（1）楼梯进场、编号，按各单元和楼层清点数量。

（2）搭设楼梯（板）支撑排架与搁置件。

（3）标高控制与楼梯位置线设置。

（4）按编号和吊装流程，逐块安装就位。

（5）塔吊吊点脱钩，节能型下一叠合板梯段安装，并循环重复。

（6）楼层浇捣混凝土完成，混凝土强度达到设计、规范要求后，拆除支撑排架与搁置件。

6. 预制楼梯施工方法。

预制楼梯施工前，按照设计施工图，由木工翻样绘制出加工图，工厂化生产按改图深化后，投入批量生产。运送至施工现场后，由塔吊吊运到楼层上铺放。

施工前，先搭设楼梯梁（平台板）支撑排架，按施工标高控制高度，按梯梁后楼梯（板）的顺序进行。楼梯与梯梁搁置前，先在楼梯 L 型内铺砂浆，采用软坐灰方式。

（1）施工流程

控制线→复核→起吊→就位→校正→焊接→隐检→验收→成品保护。

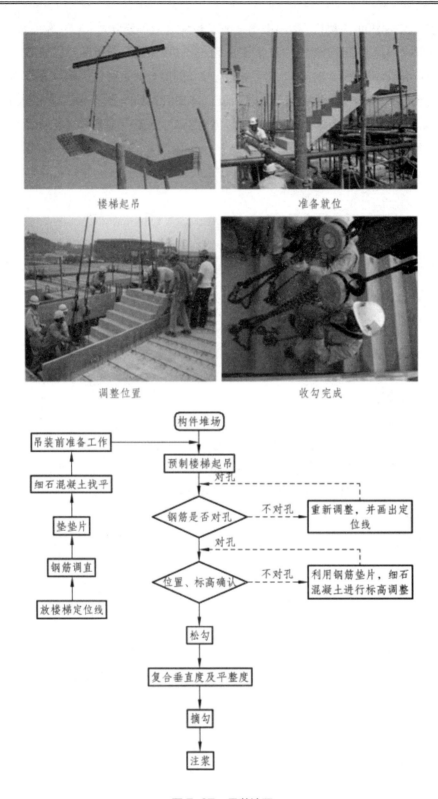

楼梯起吊   准备就位

调整位置   收勾完成

图 5-27 吊装流程

安装预制梁前要校核柱顶标高。按设计要求在柱顶抹好砂浆找平层，其厚度应符合控制标高要求。安装预制梁时，应按事先弹好的梁头柱边线就位，以保证梁伸入柱内的有效尺寸。

楼板安装前，应先校核梁翼上口标高，抹好砂浆找平层，以控制标高。同时弹出楼板位置线，并标明板号。楼板吊装就位时，应事先用支撑支顶横梁两翼，楼板就位后，应及时检车板底是否平整，不平处用垫铁垫平。安装后的楼板，宜加设临时支撑，以防止施工荷载使楼板产生较大的挠度或出现裂缝。预制楼梯连接处，水平缝采用 M15 砂浆找平。

（2）楼梯的具体吊装流程。

①吊装准备。

预制楼梯吊装采用厂家设计的吊装件，使用 M20 高强螺栓连接，螺栓使用三次后更换。详细做法见图 5-28。

②起吊角度确定。

为便于安装，预制楼梯起吊时，角度略大于梯自然倾斜角度吊装（自然倾斜角度34°，起吊时倾斜角度为 36°）。

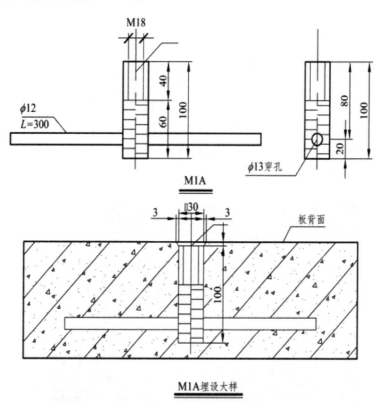

图 5-28　螺栓连接

③安装时间确定。

在上层墙体出模后，吊装下层预制楼梯踏步板。保证 L 型梁强度。预制楼梯连接处，立缝采用 CMG40 灌浆料填实。

（五）预制阳台、空调板吊装施工工艺

1. 工艺流程

定位放线→构件检查核对→构件起吊→预制阳台吊装就位→校正标高和轴线位置→临时固定→支撑→松钩。

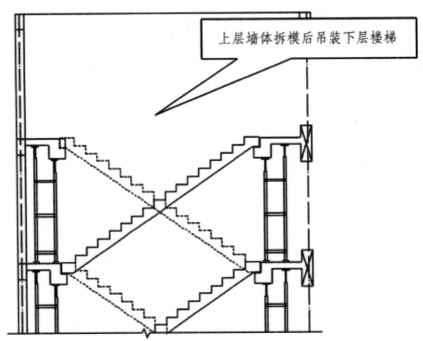

图 5-29　预制楼梯安装

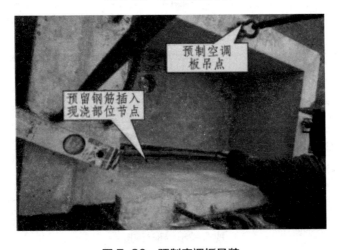

图 5-30　预制空调板吊装

图 5-31 预制阳台空调板吊装支撑要求

2. 操作工艺

（1）吊装前检查构件的编号，检查预埋吊环、预留管道洞位置、数量、外观尺寸等。

（2）标高、位置控制线已在对应位置用墨斗线弹出。

（3）预制空调板和阳台板的吊装时吊点位置和数量必须转化图一致。

（4）对预制悬挑构件负弯矩筋逐一伸过预留孔，预制构件就位后在其底下设置支撑，校正完毕后将负弯矩筋与室内叠合板钢筋支架进行点焊或绑扎。

3. 质量要求：

项目	允许偏差 /mm	检验方法
轴线位置	5	钢尺检查
表面垂直度	5	经纬仪或吊线、钢尺检查
楼层标高	±5	水准仪或拉线、钢尺检查
构件安装允许偏差	±5	钢尺检查

（六）天沟吊装施工工艺

图 5-32　预制天沟吊装

图 5-33　预制天沟支撑

1. 工艺流程

定位放线→构件检查核对→构件起吊→预制天沟吊装就位→校正标高和轴线位置→临时固定→支撑→松钩。

2. 操作工艺

（1）检查和核对天沟预埋吊环、预留管道洞、注浆管的位置、数量及钢筋的编号。

（2）标高、位置控制线已在对应位置用墨斗线弹出。

（3）临时固定在墙体上三角支架已就位，或外支架搭设完。

（4）根据吊装次序进行吊装，吊装时利用大、小钢扁担梁结合，通过滑轮调节构件均衡受力进行起吊，就位时将竖向钢筋穿过预制天沟预埋注浆管后，搁置三角支架或外支架上。

（5）预制天沟底部全部搁置在竖向构件上，预制天沟底部与竖向顶面保持 20 mm 空隙，确保灌浆料的流动；其空隙使用 1 ~ 10 mm 不同厚度的垫铁，确保预制天沟构件安装就位后符合设计标高。

（6）校正完毕后预制天沟在柱、梁位置通过点焊钢筋加以限位。

3. 质量要求

表 5-2　质量要求

项目	允许偏差 /mm	检验方法
轴线位置	5	钢尺检查
表面垂直度	5	经纬仪或吊线、钢尺检查
楼层标高	±5	水准仪或拉线、钢尺检查
构件安装允许偏差	±5	钢尺检查

四、框架结构施工吊装要点

装配式框架结构施工一般采用分层分段流水吊装方法，作业的关键是控制操作过程中的移偏差。

（一）柱子水平位移的控制

应以大柱面中心为准，有三人同时备用一线锤校对摆面上的中线，同时用两台经纬仪校对两相互垂直面的中线，其校正顺序必须是：起重机脱钩后电焊前初校—焊后第二次校正—梁安装后第三次校正。

（二）柱子吊装位后的固定和校正方法

在初次校正后，将小枝头埋件与定位钢板点焊定位进行主筋焊接。采用立坡口焊接时，施焊前应先对焊工进行培训，并做出焊接试件，经检验合格后方可正式焊接。其施焊方法，应采用分批间歇轮流焊接的方法。当焊接的上下钢筋，其辅线扁差在 1∶6 以内时，可采用热、冷方法矫正；当大于 1∶6 时，则应通过设计处理解决。实践证明，上下钢筋坡口的间隙越大，相应地电焊量也大，变形则大。柱接头钢筋在焊时应力虽不大，但很容易将上柱四角混凝土拉裂，因此，必须严格执行施焊措施，避免或减少裂产生。另外，在焊接过程中，严禁校正钢筋。

为了避免柱子产生垂直偏差。当梁，柱节点的焊点有两个或两个以上时，施工顺序也要采取轮流间歇的施焊措施，即每个焊点不要一次焊完。

整个框架应采用"梅花焊接"方法。其优点是间道或边柱首先组成框架，可以减少框架变形。另外，焊接时梁的一端固定，一端自由，可以减少焊接过程中拉应力所引起的框架变形，也便于土建工序流水作业。

柱子安装标高不准确是直接影响接层标高的关键。因此，采用调整定位钢板的方法来控制楼层标高。

定位钢扳的埋设，常见有两种方法：其一是先把钢板固定在钢筋骨架上，再浇筑混凝土；其二是先浇筑混凝土，然后把定位钢板埋混凝土中。无论采用哪一种方法，必须两次抄平，即下定位钢板前抄平一次。下定位钢板后抄平一次，并要根据柱子的长度情况，逐个定出负的误差值，因为负误差可以用垫铁找平，正误差则无法挽救。

第四节　钢筋套筒灌浆及连接节点构造

钢筋套筒灌浆连接是指在预制混凝土构件中预埋的金属套筒中插入钢筋并灌注水泥基灌浆料而实现的钢筋连接方式。原理是透过铸造的中空型套筒，将钢筋从两端开口穿入套筒内部不需要搭接或熔接，钢筋与套筒间填充高强度微膨胀结构性砂浆，借助套筒对砂浆的围束作用。加上本身具有的微膨胀特性，增大砂浆与钢肋套筒的正应力，由该正向力与粗糙表面产生摩擦力来传递钢筋应力，该工艺适用于剪力墙、框架柱、框架梁纵筋的连接，是装配整体结构的关键技术。

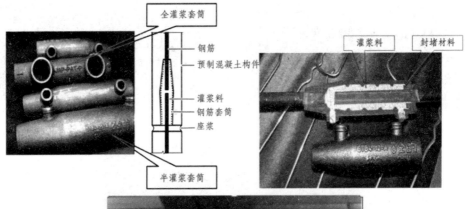

图 5-34 灌浆套筒及封浆胶塞

装配式混凝土结构中，节点及接缝处的纵向钢筋连接宜根据接头受力、施工工艺等要求选用套筒灌浆连接、机械连接、浆锚搭接连接、焊接连接、绑扎搭接连接等连接方式。直径大于 20 mm 的钢筋不宜采用浆锚搭接连接。当采用套筒灌浆连接时，应符合现行行业标准《钢筋套筒灌浆连接应用技术规程》（JGJ 355-2015）的规定。

同时规范对套筒灌浆连接钢筋提出了具体要求：

1. 套筒灌浆连接的钢筋直径不宜小于 12 mm，且不宜大于 40 mm。

2. 灌浆套筒灌浆端最小内径与连接钢筋公称直径的差值：12 ~ 25 的钢筋不小于 10 mm；28 ~ 40 的钢筋不小于 15 mm。用于钢筋锚固的深度不宜小于插入钢筋公称直径的 8 倍。

3. 钢筋套筒灌浆连接接头的抗拉强度不应小于连接钢筋抗拉强度标准值，且破坏时应断于接头外钢筋。

4. 当装配式混凝土结构采用套筒灌浆连接接头时，全部构件纵向受力钢筋可在同一截面上连接。连接只能断于钢筋。

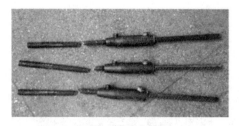 

（a）断于钢筋　　　　　　　　　　（b）断于接头

（c）钢筋拉脱

图 5-35　钢筋断裂

5. 采用套筒灌浆连接的混凝土构件，接头连接钢筋的直径规格不应大于灌浆套筒规定的连接钢筋直径规格，且不宜小于灌浆套筒规定的连接钢筋直径规格一级以上。

6. 灌浆套筒的直径规格对应了连接钢筋的直径规格，在套筒产品说明书中均有注明。工程不得采用直径规格小于连接钢筋的套筒，但可采用直径规格大于连接钢筋的套筒，但相差不宜大于一级。

钢筋浆锚搭接连接是指在预制混凝土构件中采用特殊工艺制成的孔道中插入需搭接的钢筋，并灌注水泥基灌浆料而实现的钢筋搭接连接方式。浆锚搭接连接是一种将需搭接的钢筋拉开一定距离的搭接方式。这种搭接技术在欧洲有多年的应用历史，也被称为间接搭接或间接锚固。目前主要采用的是在预制构件中有螺旋箍筋约束的孔道中搭接的技术，称为钢筋约束浆锚搭接连接。

在灌浆过程中应按照下列要求进行操作。

1. 竖向剪力墙吊装校正完毕并经检查验收后，应尽早灌浆。

2. 灌浆前，对预制板间空隙和其他可能漏浆处需采用高标号水泥浆、模板等进行封堵。

3. 灌浆施工前应进行灌浆材料抽样检测，检测合格后方可使用。

4. 灌浆材料宜采用机械拌和，若生产厂家对产品有具体拌和要求，应按其要求进行拌和。拌和地点宜靠近灌浆地点。

5. 灌浆操作应符合下列规定：

（1）灌浆应根据工程实际情况，选用合适的灌浆方法。

（2）灌浆前应确认注浆孔畅通，必要时采压缩空气清孔。

（3）浆体应充满孔道内所有空隙。灌浆应连续进行，灌浆过程中严禁振捣。

（4）因故停止灌浆时，应用压力水将孔道内已注入的灌浆料冲洗干净。

（a）套筒留设的灌浆嘴

（b）混凝土剪力墙底部套筒　　　　（c）混凝土柱底部套筒（预制柱底部应有键槽）

图5-36 灌浆套筒工程应用

（5）冬期施工应采用不超过65 ℃的温水拌和灌浆材料，浆体入模温度在10 ℃以上。受冻前，灌浆材料的抗压强度不得低于5 MPa。

（6）灌浆部位温度大于35 ℃，灌浆前24 h采取措施，防止灌浆部位受到阳光直射或其他辐射。采取适当降温措施，浆体的入模温度不应大于30 ℃。灌浆后应及时采取保湿养护措施。

一、钢筋套筒节点灌浆前准备工作

（一）技术准备

1. 学习设计图纸及深化图纸，充分领会设计意图，并做好图纸会审。

2. 确定构件灌浆顺序。

3. 编制灌浆材料及辅助材料等进场计划。

4. 确定灌浆使用的机械设备等。

5.编制施工技术方案并报审。

（二）材料准备

1.高强度无收缩灌浆料、水泥、砂子、水等。

2.用于注浆管灌浆的灌浆材料，强度等级不宜低于 C40，应具有无收缩，早强、高强、大流动性等特点。

3.拌和用水不应产生以下有害作用：

（1）注浆材料的和易性和凝结。

（2）注浆材料的强度发展。

（3）注浆材料的耐久性，加快钢筋腐蚀及导致预应力钢筋脆断。

（4）污染混凝土表面凝土表面。

（5）拌合用水 pH 值要求应符合相关规定。

（三）机具准备

主要为搅拌机、压力灌浆机等。

（四）作业条件

1.灌浆操作人员（一般 2~3 人）已经培训并到位。

2.机械设备已进场，并经调试可正常使用。

3.墙板构件已经建设单位及监理单位验收并通过。

（五）灌浆前准备

1.检查工器具并进行调试。

2.灌浆用材料等准备。

（六）清除拼缝内杂物

将构件拼缝处（竖向构件上下连接的拼缝及竖向构件与楼地而之间的拼缝）石子、杂物等清理干净。

（七）拼缝模板支设

采用 20 mm 厚挤塑聚苯板，切割成条状，将上下墙板间水平拼缝及墙板与楼地面间缝隙填塞密实，塞入深度不宜超过 20 mm，防止漏浆。同时外侧采用木模板或木方围挡，用钢管加顶托顶紧。

（八）注浆管内喷水湿润

洒水应适量，主要用于湿润拼缝混凝土表面，便于灌浆料流畅，洒水后应间隔 15 min 再进行灌浆，防止积水。

（九）搅拌注浆料

1. 注浆材料宜选用成品高强灌浆料，应具有大流动性，无收缩，早强高强等特点。1 d 强度不低于 20 MPa，28 d 强度不低于 60 MPa，流动度应 ≥270 mm，初凝时间应大于 1 h。终凝时间应在 3 ~ 5 h。

2. 搅拌注浆料投料顺序、配料比例及计量误差应严格按照产品使用说明书要求。

3. 注浆料搅拌宜使用手电钻式搅拌器，用量较大时也可选用砂浆搅拌机。搅拌时间为 45 ~ 60 s，应充分搅拌均匀，选用手电钻式搅拌器过程中不得将叶片提出液面，防止带入气泡。

4. 一次搅拌的注浆料应在 45 min 内使用完。

（十）注浆孔及水平缝灌浆

1. 灌浆可采用自重流淌灌浆和压力灌浆，自重流淌灌浆即选将料斗放置在高处利用材料自重流淌灌入；压力灌浆，灌浆压力应保持在 0.2 ~ 0.5 MPa。

2. 灌浆应逐个构件进行，一块构件中的灌浆孔或单独的拼缝应一次连续灌满。

（十一）构件表面清理

构件灌浆后应及时清理沿灌浆口溢出的灌浆料，随灌随清，防止污染构件表面。

（十二）注浆口管填实压光

1. 注浆管口填实压光应在注浆料终凝前进行。

2. 注浆管口应抹压至与构件表面平整，不得凸出或凹陷.

3. 注浆料终凝后应进行洒水养护，每天 3 ~ 5 次，养护时间不得少于 7 d。冬期施工时不得洒水养护。

二、钢筋套筒节点灌浆工艺流程

施工前要做相应的准备工作，由专业施工人员依据现场的条件进行接头力学性能试验，按不超过 1 000 个灌浆套筒为一批，每批随机抽取 3 个灌浆套筒制作对中连接接头试件（40 mm×40 mm×160 mm），标准条件下养护 28 d，并进行抗压强度检验，其抗压强度不低于 85 N/mm²，具体可按图 5-37 所示工艺流程进行。

具体操作过程如下：

1. 清理墙体接触面：墙体下落前应保持预制墙体与混凝土接触面无灰渣、无油污、无杂物。

2. 铺设高强度垫块：采用高强度垫块将预制墙体的标高找好，使预制墙体标高得到有效的控制。

3. 安放墙体：在安放墙体时应保证每个注浆孔通畅，预留孔洞满足设计要求，孔内无杂物。

4.调整并固定墙体：墙体安放到位后采用专用支撑杆件进行调节，保证墙体垂直度、平整度在允许误差范围内。

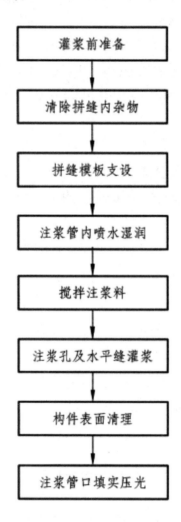

图5-37 预制浆锚节点灌浆工艺流程

5.墙体两侧密封：根据现场情况，采用砂浆对两侧缝隙进行密封，确保灌浆料不从缝隙中溢出，减少浪费。

6.润湿注浆孔：注浆前应用水将注浆孔进行润湿，减少因混凝土吸水导致注浆强度达不到要求，且与灌浆孔连接不牢靠。

7.拌制灌浆料：搅拌完成后应静置 3 ~ 5 min，待气泡排除后方可进行施工。灌浆料流动度在 200 ~ 300 mm 间为合格。

8.浆料检测：检查拌和后的浆液流动度，左手按住流动性测量模，用水勺舀 0.5 L 调配好的灌浆料倒入测量模中，倒满模子为止，缓慢提起模子，约 0.5 min 之后，测量灌浆料平摊后最大直径为 280 ~ 320 mm，为流动性合格。每个工作班组进行一次测试。

9. 进行注浆：采用专用的注浆机进行注浆，该注浆机使用一定的压力，将灌浆料由墙体下部注浆孔注入，灌浆料先流向墙体下部 20 mm 找平层，当找平层注满后，注浆料由上部排气孔溢出，视为该孔注浆完成，并用泡沫塞子进行封堵。至该墙体所有上部注浆孔均有浆料溢出后视为该面墙体注浆完成。

10. 进行个别补注：完成注浆半小时后检查上部注浆孔是否有因注浆料的收缩、堵塞不及时、漏浆造成的个别孔洞不密实情况。如有则用手动注浆器对该孔进行补注。

11. 封堵上排出浆孔：间隔一段时间后，上口出浆孔会逐个漏出浆液，待浆液成线状流出时，通知监理进行检查（灌浆处进行操作时，监理旁站，对操作过程进行拍照摄影，做好灌浆记录，三方签字确认，质量可追溯），合格后使用橡皮塞封堵出浆孔。封堵要求与原墙面平整，并及时清理墙面上、地面上的余浆。

12. 试块留置：每个施工段留置一组灌浆料试块（将调配好的灌浆料倒入三联试模中，用作试块，与灌浆相同条件养护）。

三、钢筋套筒节点灌浆注意事项

装配整体式混凝土结构的节点或接缝的承载力，刚度和延性对于整个结构的承载力起有决定性作用，而目前大部分工程中柱与楼板，墙与楼板等节点连接都是通过钢筋套筒灌浆连接，因而确保钢筋套筒灌浆连接的质量极为重要。为此，施工过程中，需要注意以下事项：

1. 检查无收缩水泥期限是否在保质期内（一般为 6 个月），6 个月以上禁止使用；3 ~ 6 个月的须过 8 号筛去除硬块后使用。

2. 无收缩水泥的搅拌用水，不得含有氯离子。使用地下水时，一定要检验氯离子，严禁用海水。禁止用铝制搅拌器搅拌无收缩水泥。

3. 在灌浆料强度达到设计要求后，方可拆除预制构件的临时支撑。

4. 砂浆搅拌时间必须大于 3 min 搅拌完成后于 30 min 内完成施工，逾时则弃置不用。

5. 当日气温若低于 5 ℃，灌浆后必须对柱底混凝土施以加热措施，使内部已灌注的续接砂浆温度维持在 5 ~ 40 ℃ 之间。加热时间至少 48 h。

6. 柱底周边封模材料应能承受 1.5 MPa 的灌浆压力，可采用砂浆、钢材或木材材质。

7. 续接砂浆应搅拌均匀，灌浆压力应达到 1.0 MPa，灌浆时由柱底套筒下方注浆口注入，待上方出浆口连续流出圆柱状浆液，再采用橡胶塞封堵。

8. 套筒灌浆连接接头检验应以每层或 500 个接头为一个检验批，每个检验批均应全数检查其施工记录和每班试件强度试验报告。

9. 在安放墙体时，应保证每个注浆孔通畅，预留孔洞满足设计要求，孔内无杂物、注浆前，应充分润湿注浆孔洞，防止因孔内混凝土吸水导致灌浆料开裂情况发生。

10. 进行个别补注：完成注浆半小时后检查上部注浆孔是否有因注浆料的收缩、堵塞不及时、漏浆造成的个别孔洞不密实情况。如有则用手动注浆器对该孔进行补注。

四、连接节点构造

（一）预制构件结构材料的连接

装配整体式结构中，节点及接缝处的钢筋连接宜采用机械连接、套筒灌浆连接及焊接连接，也可采用间接搭接。剪力墙竖缝处，钢筋宜锚入现浇混凝土中；剪力墙水平接缝及框架柱接头，钢筋宜采用套筒灌浆连接或者间接搭接；框架梁接头与框架梁柱节点处，水平钢筋宜采用机械连接或者焊接。

采用套筒灌浆连接时，应满足以下要求：

1. 套筒抗拉承载力应不小于连接筋抗拉承载力；套筒长度由砂浆与连接筋的握裹能力而定，要求握裹承载力不小于连接筋抗拉承载力。

2. 套筒浆锚连接钢筋可不另设，由下柱或者墙片的纵向受力筋直接外伸形成。连接筋间距不宜小于 5 d，套筒净距不应小于 20 mm。连接筋与套筒位置应完全对应，误差不得大于 2 mm。

3. 连接筋插入套筒后压力灌浆，待浆液充满全部套筒后，停止灌浆，静养 1 ～ 2 d。

采用间接搭接，应满足以下要求：

1. 连接筋的有效锚固长度，非抗震设计 ≥25d，抗震设计 ≥30d，d 为连接筋直筋；锚浆孔的边距 C≥5d，净距 C0 30+d≥，孔深应比锚固长度长 50 mm。连接筋位置与锚孔中心对齐，误差不大于 2 mm。

2. 在锚固区，锚孔及纵筋周围宜设置螺旋箍筋，箍筋直径不小于 6 mm，间距不大于 50 mm。

3. 连接筋插入锚孔后压力灌浆，待浆液充满全部锚孔后，停止灌浆，静养 1 ～ 2 d。

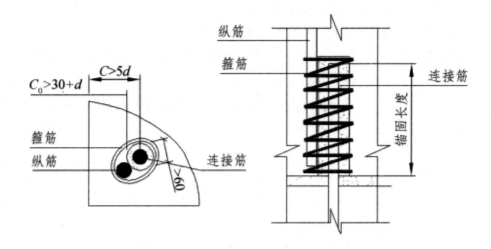

图 5-38　间接搭接构造

预制构件之间，以及预制构件与现浇混凝土之间的结合面应做成粗糙面。宜使用表面处理方法使外表面的骨料露出成为粗糙面。粗糙面处理即通过外力使预制部件与后浇混凝土结合处变得粗糙、露出碎石等骨料。通常有 3 种方法：人工凿毛法、机械凿毛法、缓凝水冲法。

1. 人工凿毛法：是指工人使用铁锤和凿子剔除预制部件结合面的表皮，露出碎石毛料，增加结合面的黏结粗糙度。此方法的优点是简单、易于操作，缺点是费工费时、效率低。

2. 机械凿毛法：使用专门的小型凿岩机配置梅花平斗钻、剔除结合面混凝土的表皮，增加结合面的黏结粗糙度。此方法的优点是方便快捷、机械小巧易于操作。缺点是操作人员的作业环境差，粉尘污染。

3. 缓凝水冲法：是混凝土结合面粗糙度处理的一种新工艺，是指在部品构件混凝土浇筑前，将含有缓凝剂的浆液涂刷在模板壁上。浇筑混凝土后，利用已浸润缓凝剂的表面混凝土与内部混凝土的缓凝时间差，用高压水冲洗未凝固的表层混凝土，冲掉表面浮浆，露出骨料，形成粗糙的表面。此方法的优点是成本低、效果佳、功效高且易于操作。

预制构件的结合面做成键槽时，键槽的尺寸和数量应通过计算确定。键槽的深度不宜小于 30 mm，长度宜为 150 ~ 250 mm。键槽端部斜面与侧边的倾角宜为 45°。

预制构件纵向受力钢筋在节点区宜直线锚固，当锚固长度不足时可采用机械直锚。预制悬臂构件负弯矩钢筋应在现浇层中加强锚固，负弯矩钢筋的锚固长度应不小于悬臂构件悬臂长度的 1.5 倍。

采用预埋件连接时，应满足以下要求：

1. 预埋件的承载力不应低于连接件的承载力。

2. 预埋件的位置应使锚筋位于构件的外侧主筋的内测。

3. 锚板厚度应不小于锚筋直径的 0.6 倍，且应大于 /8b，b 为锚筋间距。锚筋中心至锚板边缘的距离不应小于 2d 和 20 mm。

4. 锚筋不应小于 8φ，且不应大于 25φ，数量不应少于 4 根，且不多于 4 层。锚筋的间距，以及锚筋至锚板边缘的距离均不应小于 3d 和 45 mm。锚筋的锚固长度应满足混凝土设计规范的要求。

5. 锚筋与锚板应采用 T 型焊，并应采用压力埋弧焊。焊缝高度不应小于 6 mm 和 0.6d，d 为锚筋直径。锚筋与锚板间的焊缝应采用双面焊，焊缝长度为 5d。钢板与钢板间焊缝长度应为钢板间接触长度，并为双面焊。

连接节点应采取可靠的防腐蚀措施，其耐久性应满足工程设计年限的要求。所有外露金属件，包括连接件和预埋件的设计均应考虑环境类别的影响，并进行防腐防锈处理。有防火要求的连接件应采取防火措施。

当构件中最外层钢筋的混凝土保护层厚度大于 40 mm 时，应对保护层采取有效的防裂构造措施。

应对预埋件等连接件进行承载力极限状态的验算。在验算中，除考虑使用阶段的荷载外，还应考虑施工过程中的各种不利荷载的组合，并按现行相关结构设计规范进行设计。

预制构件的制作精度和连接部位构造处理，应与连接方式相适应。干式连接及构造防水，预制构件尺寸及预埋件位置应准确，精度应高。后锚固连接时，锚固基材应进行预设计处理，锚固区应按行业标准《混凝土结构后锚固技术规程》（JGJ 145-2013）规定配置必要的钢筋网。

（二）构件连接的节点构造及钢筋布设

1. 混凝土叠合楼（屋）面板的节点构造。

混凝土叠合受弯构件是指预制混凝土梁板顶部在现场后浇混凝土而形成的整体受弯构件。装配整体式结构组成中根据用途将混凝土分为叠合构件混凝土和构件连接混凝土。

叠合楼（屋）面板的预制部分多为薄板，在预制构件加工厂完成。施工时吊装就位，现浇部分在预制板面上完成。预制薄板作为永久模板又作为楼板的一部分承担使用荷载，具有施工周期短、制作方便、构件较轻的特点，其整体性和抗震性能较好。

叠合楼（屋）面板结合了预制和现浇混凝土各自的优势，兼具现浇和预制楼（屋）面板的优点，能够节省模板支撑系统。

（1）叠合楼（屋）面板的分类。

主要有预应力混凝土叠合板、预制混凝土叠合板、桁架钢筋混凝土叠合板等。

（2）叠合楼（屋）面板的节点构造。

预制混凝土与后浇混凝土之间的结合面应设置粗糙面。粗糙面的凹凸深度不应小于 4 mm，以保证叠合面具有较强的黏结力，使两部分混凝土共同有效的工作。

预制板厚度由于脱模、吊装、运输、施工等因素，最小厚度不宜小于 60 mm。后浇混凝土层最小厚度不应小于 60 mm，主要考虑楼板的整体性以及管线预埋，面筋铺设，施工误差等因素。当板跨度大于 3 m 时，宜采用桁架钢筋混凝土叠合板，可增加预制板的整体刚度和水平抗剪性能；当板跨度大于 6 m 时，宜采用预应力混凝土预制板，节省工程造价。板厚大于 180 mm 的叠合板，其预制部分采用空心板，空心板端空腔应封堵，可减轻楼板自重，提高经济性能。

叠合板支座处的纵向钢筋应符合下列规定：

①端支座处，预制板内的纵向受力钢筋宜从板端伸出并锚入支撑梁或墙的后浇混凝土中，锚固长度不应小于 5d(d 为纵向受力钢筋直径)，且宜伸过支座中心线，见图 5-39(a)。

②单向叠合板的板侧支座处，当板底分布钢筋不伸入支座时，宜在紧邻预制板顶面的后浇混凝土叠合层中设置附加钢筋，附加钢筋截面面积不宜小于预制板内的同向分布钢筋面积，间距不宜大于 600 mm，在板的后浇混凝土叠合层内锚固长度不应小于 15d，在支座内锚固长度不应小于 15d(d 为附加钢筋直径)且宜伸过支座中心线，见图 5-39(b)。

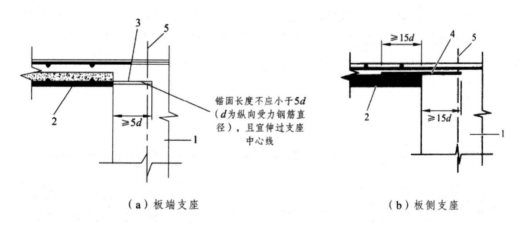

（a）板端支座　　　　　　　　　　　（b）板侧支座

图 5-39　叠合板端及板侧支座构造示意图

1—支承梁或墙；2—预制板；3—纵向受力钢筋；4—附加钢筋；5—支座中心线。

③单向叠合板板侧的分离式接缝宜配置附加钢筋，见图 5-40 接缝处紧邻预制板顶宜设置垂直于板缝的附加钢筋。附加钢筋伸入两侧后浇混凝土叠合层的锚固长度不

应小于 15d（d 为附加钢筋直径），附加钢筋截面面积不宜小于预制板中该方向钢筋面积，钢筋直径不宜小于 6 mm，间距不宜大于 250 mm。

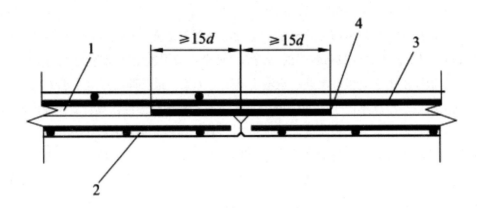

图 5-40 单向叠合板板侧的分离式接缝构造示意图

1—后浇层内钢筋；2—附加钢筋；3—后浇混凝土叠合层；4—预制板。

④双向叠合板板侧的整体式接缝处由于有应变集中情况，宜将接缝设置在叠合板的次要受力方向上且宜避开最大弯矩截面，见图 3-41。接缝可采用后浇带形式，并应符合下列规定：

后浇带宽度不宜小于 200 mm；后浇带两侧板底纵向受力钢筋可在后浇带中焊接、搭接连接、弯折锚固；当后浇带两侧板底纵向受力钢筋在后浇带中弯折锚固时，应符合下列规定。

叠合板厚度不应小于 10d（d 为弯折钢筋直径的较大值），且不应小于 120 mm；垂直于接缝的板底纵向受力钢筋配置量宜按计算结果增大 15% 配置；接缝处预制板侧伸出的纵向受力钢筋在后浇混凝土叠合层内锚固，且锚固长度不应小于 la；两侧钢筋在接缝处重叠的长度不应小于 10d，钢筋弯折角度不应大于 30%，弯折处沿接缝方向应配置不少于 2 根通长构造钢筋，且直径不应小于该方向预制板内钢筋直径。

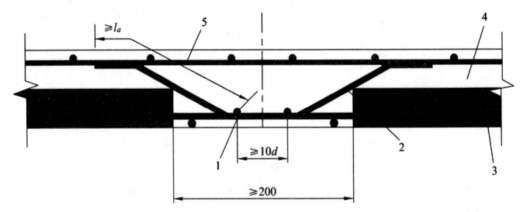

图 5-41 双向叠合板整体式接缝构造示意图

1—通长构造钢筋；2—后浇层内钢筋；3—后浇混凝土叠合层；4—预制板；5—纵向受力钢筋。

图5-42　梁板连接

2.叠合梁节点构造

在装配整体式框架结构中，常将预制梁做成矩形或 T 形截面。首先在预制厂内做成预制梁，在施工现场将预制楼板搁置在预制梁上（预制楼板和预制梁下需设临时支撑），安装就位后，再浇捣梁上部的混凝土使楼板和梁连接成整体，即成为装配整体式结构中分两次浇捣混凝土的叠合梁。它充分利用钢材的抗拉性能和混凝土的受压性能，结构的整体性较好，施工简单方便。

混凝土叠合梁的预制梁截面一般有两种，分为矩形截面预制梁和凹口截面预制梁。

装配整体式框架结构中，当采用叠合梁时，预制梁端的粗糙面凹凸深度不应小于 6 mm，框架梁的后浇混凝土叠合层厚度不宜小于 150 mm，见图 5-43（a），次梁的后浇混凝土叠合板厚度不宜小于 120 mm；当采用凹口截面预制梁时，凹口深度不宜小于 50 mm，凹口边厚度不宜小于 60 mm，见图 5-43（b）。

为提高叠合梁的整体性能，使预制梁与后浇层之间有效的结合为整体，预制梁与后浇混凝土、灌浆料、坐浆材料的结合面应设置粗糙面，预制梁端面应设置键槽，见图 5-44。

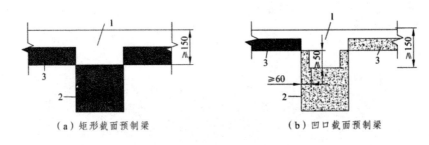

（a）矩形截面预制梁 （b）凹口截面预制梁

图 5-43 叠合框架梁截面示意图

1—后浇混凝土叠合层；2—预制板；3—预制梁。

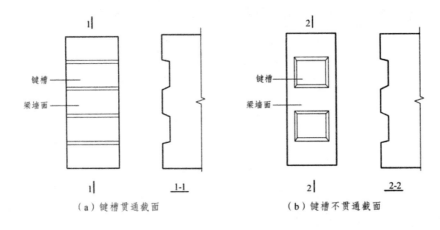

（a）键槽贯通截面 （b）键槽不贯通截面

图 5-44 梁端键槽构造示意图

预制梁端的粗糙面凹凸深度不应小于 6 mm，键槽尺寸和数量应按行业标准《装配式混凝土结构技术规程》（JGJ 1-2014）第 7.2.2 条的规定计算确定。

键槽的深度：不宜小于 30 mm，宽度 w 不宜小于深度的 3 倍且不宜大于深度的 10 倍，键槽可贯通截面，当不贯通时槽口距离截面边缘不宜小于 50 mm，键槽间距宜等于键槽宽度，键槽端部斜面倾角不宜大于 30°。粗糙面的面积不宜小于结合面的 80%。

叠合梁的箍筋配置：抗震等级为一、二级的叠合框架梁的梁端箍筋加密区宜采用整体封闭箍筋，见图 5-45（a）。采用组合封闭箍筋的形式时，开口箍筋上方应做成 135° 弯钩，见图 5-45（b）。非抗震设计时，弯钩端头平直段长度不应小于 5d（d 为箍筋直径）。抗震设计时，弯钩端头平直段长度不应小于 10d。现浇应采用箍筋帽封闭开口箍，箍筋帽末端应做成 130° 弯钩，非抗震设计时，弯钩端头平直段长度不应小于 5d，抗震设计时，弯钩端头平直段长度不应小于 10d。

叠合梁可采用对接连接，并应符合下列规定：

（1）连接处应设置后浇段，后浇段的长度应满足梁下部纵向钢筋连接作业的空间需求。

（2）梁下部纵向钢筋在后浇段内宜采用机械连接、套筒灌浆连接或焊接连接。

（3）后浇段内的箍筋应加密，箍筋间距不应大于 5d（d 为纵向钢筋直径），且不应大于 100 mm。

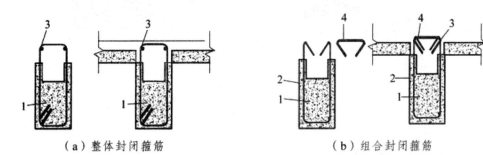

（a）整体封闭箍筋　　　　　　（b）组合封闭箍筋

图 5-45　叠合梁箍筋构造示意图

1—上部纵向钢筋；2—预制梁；3—箍筋帽；4—开口箍筋。

3.叠合主次梁的节点构造。

叠合主梁与次梁采用后浇段连接时，应符合下列规定：

（1）在端部节点处，次梁下部纵向钢筋深入主梁后浇段内的长度不应小于 12d，次梁上部纵向钢筋应在主梁后浇段内锚固。当采用弯折锚固或锚固板时，锚固直段长度不应小于 0.6 abl，见图 5-46（a）；当钢筋应力不大于钢筋强度设计值的 50% 时，锚固直段长度不应大于 0.35 abl；弯折锚固的弯折后直段长度不应小于 12d（d 为纵向钢筋直径）。

（2）在中间节点处，两侧次梁的下部纵向钢筋伸入主梁后浇段内长度不应小于 12d（d 为纵向钢筋直径）；次梁上部纵向钢筋应在现浇层内贯通，见图 5-46（b）。

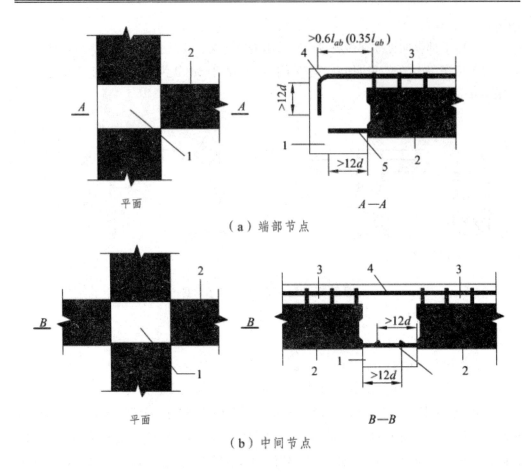

图 5-46　叠合主次梁的节点构造

1—次梁；2—主梁后浇段；3—次梁上部纵向钢筋；4—后梁混凝土叠合层；5—次梁下部纵向钢筋。

4. 预制柱的节点构造

预制混凝土柱连接节点通常为湿式连接，见图 5-47。

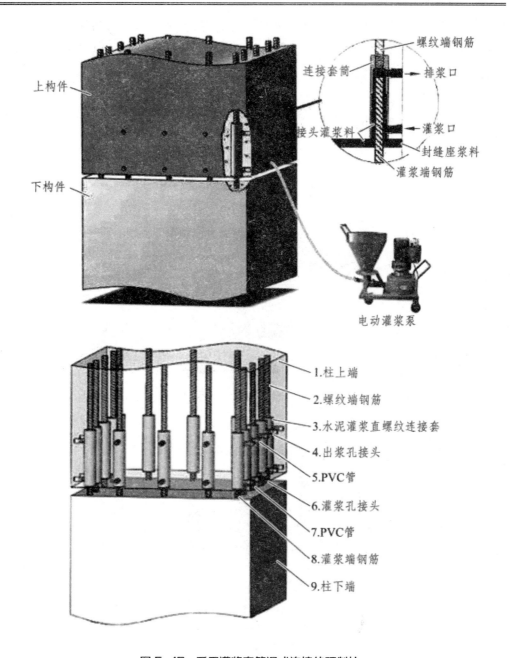

图 5-47 采用灌浆套筒湿式连接的预制柱

（1）采用预制柱及叠合梁的装配整体式框架中，柱底接缝宜设置在楼面标高处，后浇节点区混凝土上表面应设置粗糙面，柱纵向受力钢筋应贯穿后浇节点区，见图 5-48。柱底接缝厚度宜为 20 mm，并采用灌浆料填实。

（2）采用预制柱及叠合梁的装配整体式框架节点，梁纵向受力钢筋应伸入后浇节点区内锚固或连接。上下预制柱采用钢筋套筒连接时，在套筒长度 ±50 cm 的范围内，在原设计箍筋间距的基础上加密箍筋，见图 5-49。

梁、柱纵向钢筋在后浇节点区间内采用直线锚固、弯折锚固或机械锚固方式时，其锚固长度应符合现行国家标准《混凝土结构设计规范》（GB 50010）中的有关规定。当梁、柱纵向钢筋采用锚固板时，应符合现行行业标准《钢筋锚固板应用技术规程》（JGJ 256）中的有关规定。

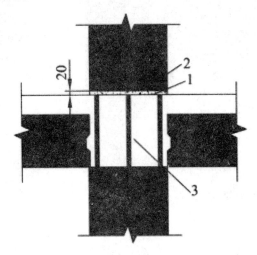

图 5-48　预制柱底接缝构造示意图

1—预制柱；2—接缝灌浆层；3—后浇节点区混凝土上表面粗糙面。

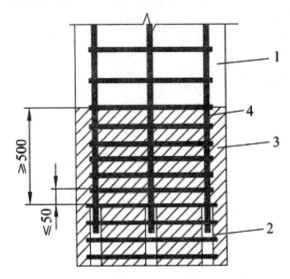

图 5-49　钢筋采用套筒灌浆连接时柱底箍筋加密区域构造示意图

1—预制柱；2—套筒灌浆连接接头；3—箍筋加密区（阴影区域）；4—加密区箍筋。

①对框架中间层中节点，节点两侧的梁下部纵向受力钢筋宜锚固在后浇节点区内，可采用90°弯折锚固，也可采用机械连接或焊接的方式直接连接，见图 5-50；梁的上部纵向受力钢筋应贯穿后浇节点区。

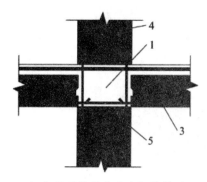
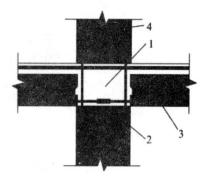

（a）梁下部纵向受力钢筋锚固　　　　　　　　（b）梁下部纵向受力钢筋连接

图5-50　预制柱及叠合梁框架中间层中节点构造示意图

1—后浇区；2—梁下部纵向受力钢筋连接；3—预制梁；4—预制柱；5—梁下部纵向受力钢筋锚固。

②对框架中间层端节点，当柱截面尺寸不满足梁纵向受力钢筋的直线锚固要求时，应采用锚固板锚固，也可采用90弯折锚固，见图5-51。

③对框架顶层中节点，梁纵向受力钢筋的构造符合中间层中节点的要求，柱纵向受力钢筋宜采用直线锚固；当梁截面尺寸不满足直线锚固要求时，宜采用锚固板锚固，见图5-52。

④对框架顶层端节点，梁下部纵向受力钢筋应锚固在后浇节点区内，且宜采用锚固板的锚固方式。梁、柱其他纵向受力钢筋的锚固应符合：柱宜伸出屋面并将柱纵向受力钢筋锚固在伸出段内，伸出段长度不宜小于500 mm，伸出段内箍筋间距不应大于5d(d为柱纵向受力钢筋直径)，且不应大于100 mm；柱纵向受力钢筋宜采用锚固板锚固，锚固长度不应小于40d；梁上部纵向受力钢筋宜采用锚固板锚固，见图5-53(a)。

柱外侧纵向受力钢筋也可与梁上部纵向受力钢筋在后浇节点区搭接，其构造要求应符合现行国家标准《混凝土结构设计规范》(GB 50010)中的规定。柱内侧纵向受力钢筋宜采用锚固板锚固，见图5-53(b)。

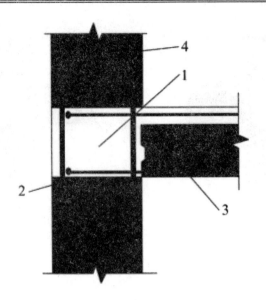

图 5-51　预制柱及叠合梁框架

1—预制柱；2—后浇区；3—预制梁；4—梁纵向受力钢筋锚固。

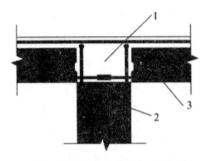

（a）梁下部纵向受力钢筋连接

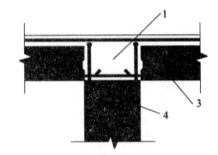

（b）梁下部纵向受力钢筋锚固

图 5-52　预制柱及叠合梁框架顶层中节点构造示意图

1—后浇区；2—预制梁；3—梁下部纵向受力钢筋锚固；4—梁下部纵向受力钢筋连接。

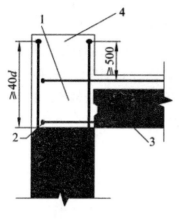 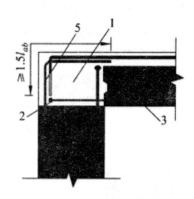

（a）柱向上伸长　　　　　　　　　（b）梁柱外侧钢筋搭接

图 5-53　预制柱及叠合梁框架质层边节点构造示意图

1—后浇段；2—柱延伸段；3—预制梁；4—梁下部纵向受力筋锚固；5—梁柱外侧钢筋搭接。

⑤采用预制柱及叠合梁的装配整体式框架节点，梁下部纵向受力钢筋也可伸至节点区外的后浇段内连接，连接接头与节点区的距离不应小于 1.5h（h 为梁截面有效高度），见图 5-54。

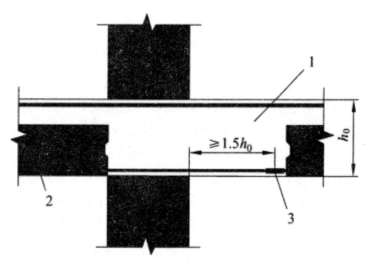

图 5-54　梁下部纵向受力钢筋在节点区外的后浇段内连接示意图

1—后浇段；2—预制梁；3—纵向受力钢筋。

5. 预制剪力墙节点构造

预制剪力墙的顶面、底面和两侧面应处理为粗糙面或者制作键槽，与预制剪力墙连接的圈梁上表面也应处理为粗糙面。粗糙面露出的混凝土粗骨料不宜小于其最大粒径的 1/3，且粗糙面凹凸不应小于 6 mm。

根据行业标准《装配式混凝土结构技术规程》(JGJ 1-2014)，对高层预制装配式墙体结构，楼层内相邻预制剪力墙的连接应符合下列规定：

（1）边缘构件应现浇，现浇段内按照现浇混凝土结构的要求设置箍筋和纵筋。预制剪力墙的水平钢筋应在现浇段内锚固，或者与现浇段内水平钢筋焊接或搭接连接。

（2）上下剪力墙板之间，先在下墙板和叠合板上部浇筑圈梁连续带后，坐浆安装上部墙板，套筒灌浆或者浆锚搭接进行连接，见图5-55。

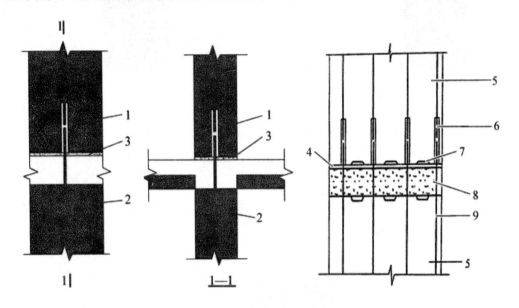

图5-55 预制剪力墙板上下节点连接

1—钢筋套筒灌浆连接；2—连接钢筋；3—坐浆层；4—坐浆；5—预制墙体；6—浆锚套筒连接或浆锚搭接连接；7—键槽或粗糙面；8—现浇圈梁；9—竖向连接筋。

相邻预制剪力墙板之间如无边缘构件，应设置现浇段，现浇段的宽度应同墙厚，现浇段的长度：当预制剪力墙的长度不大于 1 500 mm 时不宜小于 150 mm，大于 1 500 mm 时不宜小于 200 mm，现浇段内应设置竖向钢筋和水平环箍，竖向钢筋配筋率不小于墙体竖向分布筋配筋率，水平环箍配筋率不小于墙体水平钢筋配筋率，见图5-56。

现浇部分的混凝土强度等级应高于预制剪力墙的混凝土强度等级两个等级或以上。

预制剪力墙的水平钢筋应在现浇段内锚固，或者与现浇段内水平钢筋焊接或搭接连接。

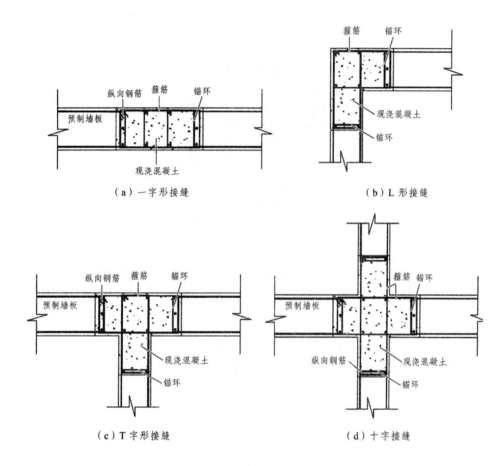

（a）一字形接缝　　　　　　　　　　　（b）L形接缝

（c）T字形接缝　　　　　　　　　　　（d）十字接缝

图 5-56　预制墙板间节点连接

（3）钢筋加密设置。

上下剪力墙采用钢筋套筒连接时，在套筒长度＋30 cm 的范围内，在原设计箍筋间距的基础上加密箍筋，见图 5-57。

预制外墙的接缝及防水设置外墙板为建筑物的外部结构，直接受到雨水的冲刷，预制外墙板接缝（包括屋面女儿墙、阳台、勒脚等处的竖缝、水平缝、十字缝以及窗口处）必须进行处理。并根据不同部位接缝特点及当地气候条件选用构造防水，材料防水或构造防水与材料防水相结合的防排水系统。

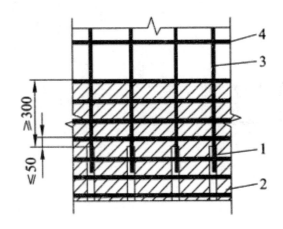

图 5-57　钢筋套筒灌浆连接部位水平分布钢筋的加密构造示意图

1—灌浆套筒；2—水平分布钢筋加密区域（阴影区域）；3—竖向钢筋；4—水平分布钢筋。

挑出外墙的阳台、雨篷等构件的周边应在板底设置滴水线。为了有效地防止外墙渗漏的发生，在外墙板接缝及门窗洞口等防水薄弱部位宜采用材料防水和构造防水相结合的做法。

（1）材料防水。

预制外墙板接缝采用材料防水时，必须用防水性能可靠的嵌缝材料。板缝宽度不宜大于 20 mm，材料防水的嵌缝深度不得小于 20 mm。对于普通嵌缝材料，在嵌缝材料外侧应勾水泥砂浆保护层，其厚度不得小于 15 mm。对于高档嵌缝材料，其外侧可不做保护层。

高层建筑、多雨地区的预制外墙板接缝防水宜采用两道密封防水构造的做法，国在外部密封胶防水的基础上，增设一道发泡氯丁橡胶密封防水构造。

预制叠合墙板间的水平拼缝处设置连接钢筋，接缝位置采用模板或者钢管封堵，待混凝土达到规定强度后拆除模板，并抹平和清理干净。

因后浇混凝土施工需要，在后浇混凝土位置做好临时封堵，形成企口连接，后浇混凝土施工前应将结合面凿毛处理，并用水充分润湿，再绑扎调整钢筋。防水处理同叠合式墙板水平拼缝节点处理，拼缝位置的防水处理采取增设防水附加层的做法。

（2）构造防水。

构造防水是采取合适的构造形式，阻断水的通路，以达到防水的目的。如在外墙板接缝外口设置适当的线型构造（立缝的沟槽，平缝的挡水台、披水等），形成空腔，截断毛细管通路，利用排水沟将渗入板缝的雨水排出墙外，防止向室内渗漏。即使渗入，也能沿槽口引流至墙外。

预制外墙板接缝采用构造防水时，水平缝宜采用企口缝或高低缝，少雨地区可采用平缝，见图 5-58。竖缝宜采用双直槽缝，少雨地区可采用单斜槽缝。女儿墙墙板构造防水见图 5-59。

6. 预制内隔墙节点构造

挤压成型墙板间拼缝宽度为（＋5 或－2)mm。板必须用专用胶粘剂和嵌缝带处理。胶黏剂应挤实、粘牢，嵌缝带用嵌缝剂粘牢刮平，见图 3-60。

（1）预制内墙板与楼面连接处理。

墙板安装经检验合格 24 h 内，用细石混凝土（高度 ≥30 mm）或 1：2 干硬性水泥砂浆（高度 30 mm）将板的底部填塞密实，底部填塞完成 7 d 后，撤出木楔并用 1：2 干硬性水泥砂浆填实木楔孔，见图 5-61。

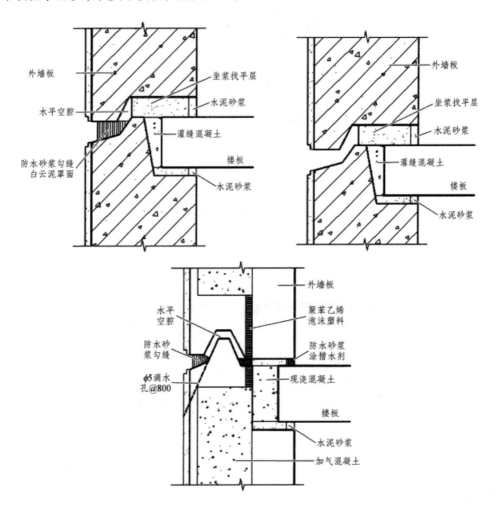

图 5-58　预制外墙板构造防水

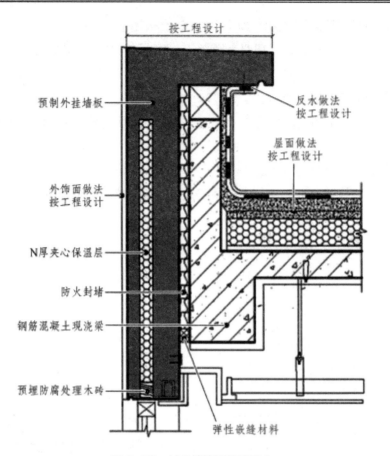

图5-59 女儿墙墙板构造防水

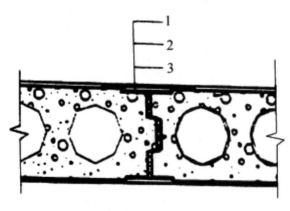

图5-60 嵌缝带构造

1—骑缝贴100 mm宽嵌缝带并用胶粘剂抹平;2—胶粘剂抹平;3—凹槽内贴50 mm宽嵌缝带。

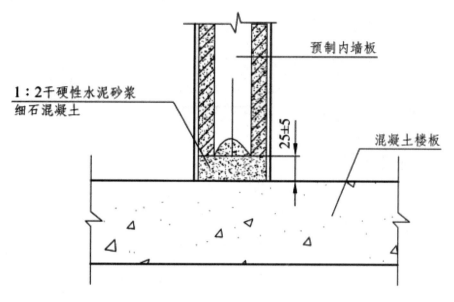

图 5-61 预制内墙与楼面连接节点

（2）门头板与结构顶板连接拼缝处理。

施工前 30 min 开始清理阴角基面、涂刷专用界面剂，在接缝阴角满刮一层专用胶粘剂，厚度约为 3 mm，并粘贴第一道 50 mm 宽的嵌缝带；用抹子将嵌缝带压入胶粘剂中，并用胶粘剂将凹槽抹平墙面；嵌缝带宜埋于距胶粘剂完成面约 1/3 位置处并不得外露。

（3）门头板与门框板水平连接拼缝处理。

在墙板与结构板底夹角两侧 100 mm 范围内满刮胶粘剂，用抹子将嵌缝带压入胶粘剂中抹平。门头板拼缝处开裂概率较高，施工时应注意胶粘剂的饱满度，并将门头板与门框板顶实，在板缝黏结材料和填缝材料未达到强度之前，应避免使门框板受到较大的撞击，见图 3-62。

7. 叠合构件混凝土

叠合构件混凝土是指在装配整体式结构中用于制作混凝土叠合构件所使用的混凝土。由于叠合面对于预制与现浇混凝土的结合有重要作用，因此在叠合构件混凝土浇筑前，必须对叠合面进行表面清洁与施工技术处理，并应符合以下要求：

（1）叠合构件混凝土浇筑前，应清除叠合面上的杂物、浮浆及松散骨料，表面干燥时应洒水润湿，洒水后不得留有积水。

（2）在叠合构件混凝土浇筑前，应检查并校正预制构件的外露钢筋。

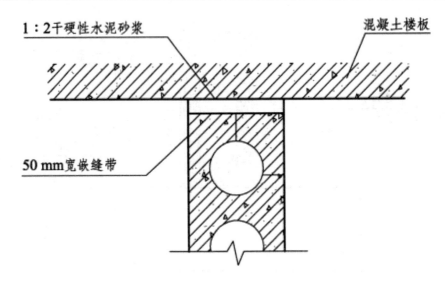

图 5-62 门头板和混凝土顶板连接节点

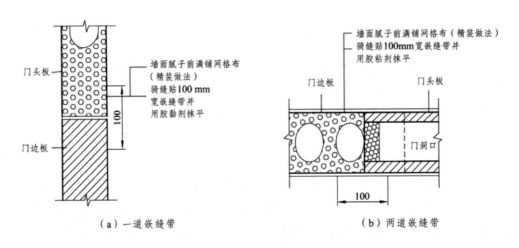

图 5-63 门头板与门边板连接节点

（3）为保证叠合构件混凝土浇筑时，下部预制底板的支撑系统受力均匀，减小施工过程中不均匀分布荷载的不利作用。叠合构件混凝土浇筑时，应采取由中间向两边的方式。

（4）叠合构件与周边现浇混凝土结构连接处，浇筑混凝土时应加密振捣点，当采取延长振捣时间措施时，应符合有关标准和施工作业要求。

（5）叠合构件混凝土浇筑时，不应移动预埋件的位置，且不得污染预埋外露连接部位。

8. 构件连接混凝土

构件连接混凝土是指在装配整体式结构中用于连接各种构件所使用的混凝土。构件连接混凝土应符合下列要求：

（1）装配整体式混凝土结构中预制构件的连接处混凝土强度等级不应低于所连接的各预制构件混凝土设计强度等级中的较大值。

（2）用于预制构件连接处的混凝土或砂浆，宜采用无收缩混凝土或砂浆，并宜采取提高混凝土或砂浆早期强度的措施；在浇筑过程中应振捣密实，并应符合有关标准和施工作业要求。

（3）预制构件连接节点和连接接缝部位后浇混凝土施工应符合下列规定：

①连接接缝混凝土应连续浇筑，竖向连接接缝可逐层浇筑，混凝土分层浇筑高度应符合现行规范要求；浇筑时应采取保证混凝土浇筑密实的措施。

②同一连接接缝的混凝土应连续浇筑，并应在底层混凝土初凝之前将上一层混凝土浇筑完毕。

③预制构件连接节点和连接接缝部位的混凝土应加密振捣点，并适当延长振捣时间。

④预制构件连接处混凝土浇筑和振捣时，应对模板和支架进行观察和维护，发生异常情况应及时进行处理；构件接缝混凝土浇筑和振捣时应采取措施防止模板、相连接构件、钢筋、预埋件及其定位件的移位。

第五节 集装箱施工

传统的建造方式以现场手工湿作业为主，不仅生产效率低、建设周期长、能耗高、对环境影响大，而且建筑的质量和性能难以得到保证，寿命周期难以实现，既不能适应国民经济高速发展的节奏，又不能满足可持续发展的要求。因此，建筑业进一步发展的一个方向是以工业化装配式建造实现产业转型与升级。在这样的大环境下，预制装配式建筑成为发展热点。

目前，预制化程度较高的建筑形式是集装箱建筑。该类建筑也常被称为盒子建筑、模块化建筑，或箱式建筑，是一种把单个房间作为预制构件单位，在工厂预制后运到工地进行安装的建筑结构。每个盒式单元的外墙板和内部装修均在工厂完成，带有采暖、上、下水道及照明等所有管网。目前，在箱式建筑中，由海运集装箱改建而成的集装箱建筑研究最多、应用最广。

一、集装箱建筑的优点

集装箱建筑的优点主要包括：

1.安全性强，牢固耐久。集装箱作为货运载体，其本身具有坚固、耐用和安全性高的特点。通常情况下集装箱单元的基本结构不易破坏，能够保证住户安全。因为运输要求，集装箱的水密性较好，改建为房屋后具备良好的防雨性能。

2.符合模数化、标准化要求，适应工业化建筑发展需求。1970年，国际标准化组织（ISO）确立了集装箱的全球统一标准，统一了集装箱的尺寸。因此，集装箱作为建筑基本模块时，标准化程度高，其组成的集装箱建筑极易符合工业化建筑设计、生产、施工的模数化要求。

3.现场装配简单方便，现场工作量少，施工速度快，有效节约劳动成本。

4.移动便捷，灵活性强。首先，集装箱建筑造型多变，可堆叠、可分割，形式多样。其次，集装箱建筑不仅安装便利，拆卸也十分方便，可搬迁、可回收利用，移动灵活。

5.节材减耗，节能低碳。集装箱房屋的结构单体主要采用高强度钢结构，并在工厂内生产制造，施工现场只进行简单的拼装，几乎不产生建筑垃圾，同时可有效减少环境污染和噪音，材料的浪费也比传统建筑少很多，是一种采用绿色材料、实现绿色施工的环境友好型建筑。

6.适应性强，可建造在各种条件的场地上。

7.建造成本低。由于跨海长途运输的成本较高，运送空箱回出口地以再次载货的成本比直接采购新箱体的还高。因此，海运集装箱到达目的地卸货后，往往直接被弃置。相当一部分集装箱建筑采用的就是这些提前退出服役的集装箱，其建造成本也因此大幅降低。

二、集装箱建筑技术要点

将集装箱作为预制单元应用于建筑领域时，其职能发生了转变，由运载货物的大型容器变为人类工作、生活的空间。为了使其满足建筑功能需求，在将集装箱改造为建筑时，主要有以下两个技术要点。

1.建筑设计方面的技术要点是保温隔热方案。适宜的室内温度和湿度是人们生活和生产的基本要求，因此，必须在集装箱上添加必要的保温隔热部品，以使其具备建筑必需的使用条件和舒适度。同时，采取何种保温隔热材料也会直接影响到集装箱建筑的建造成本。目前，常用的保温隔热材料有：① 聚亚安酯发泡材料；② 玻璃棉或岩棉；③ 陶瓷隔热涂料；④ 纸（蜂窝）板；⑤ 稻草板。东南亚国家还有使用植物墙、竹板作为保温隔热材料。

2.结构设计方面的技术要点是集装箱建筑箱体连接节点。多个集装箱拼接成一个完整的结构体后，箱体和基础以及箱体和箱体间的连接节点是保障整体承载力的关键部位。在飓风或地震作用下，集装箱体很有可能出现倾覆的趋势，此时角柱中将出现拉力，箱体和箱体、基础间可能发生错位，如果没有可靠的节点连接，建筑将发生严重变形、破坏，甚至倒塌。

现有的钢结构箱式建筑箱体拼接节点主要有焊接、角件连接、垫件连接和角柱连接4种形式。而PC箱式建筑墙体施工与整体剪力墙施工是相似的，可以参考整理剪力墙施工。

第六节　管线预留预埋

建筑工程中给水排水管道有很多要穿越楼板或墙面，一般情况下从施工到结构封顶都不能进行管道施工，如果管道安装和其他工种作业交叉进行，就容易损坏管道或因砂浆等杂物进入而堵塞管道，产生质量问题。

根据设计图纸将预埋机电管线绑扎固定，有地面管线需埋入墙板的必须严格控制其定位尺寸并固定牢固，其伸出混凝土完成面不得小于50 mm，用胶带纸封闭管口。

管线预留预埋需注意以下几点：

1. 做好施工技术交底。在技术交底时要明确预留孔洞和预埋套管的准确位置，不能存在麻痹大意思想，认为预留多少或位置稍有偏差关系不大。在施工实践中，常常出现因预留孔洞和预埋套管的不合理而造成专业位置发生冲突，最终只能采取较大范围调整的办法，从而造成浪费。

2. 套管制作要符合施工规范和施工图集要求。预埋套管和构件的制作方法直接影响着后期的施工质量，施工单位应严把质量关，施工必须符合设计图纸，施工规范和施工图集的要求。

3. 和土建施工密切配合，保证预埋及时。管道穿越基础预留洞 管道穿越楼板预留洞、支架预埋钢构件应在土建施工时提前做好，不可在主体完成后再开凿孔洞以满足管道安装的要求，严禁乱砸孔洞，甚至割断楼板主筋，避免造成破坏成品及结构强度。

4. 加强混凝土浇筑现场的指导。在混凝土浇筑时，要安排专业人员在现场负责预留孔洞和预埋套管监督，发现问题及时处理。

一、水暖安装洞口预留

当水暖系统中的一些穿楼板（墙）套管不易安装时，可采用直接预埋套管的方法，埋设于楼（屋）面、空调板、阳台板上，包括地漏、雨水斗等。有预埋管道附件的预制构件在工厂加工时，应做好保洁工作，避免附件被混凝土等材料污染，堵塞。

由于预制混凝土构件是在工厂生产现场组装的，与主体结构间是靠金属件或现浇处理进行连接的。因此，所有预埋件的定位除了要满足距墙面、穿越楼板和穿梁的结构要求外，还应给金属件和墙体留有安装空间，一般距两侧构件边缘不小于 40 mm。

装配式建筑宜采用同层排水。当采用同层排水时，下部楼板应严格按照建筑，结构给水排水专业的图纸预留足够的施工安装距离，并且应严格按照给水排水专业的图纸，预留好排水管道的预留孔洞。

二、电气安装预留预埋

（一）预留孔洞

预制构件一般不得再进行打孔，开洞，特别是预制墙应按设计要求标高预留好过墙的孔洞，重点注意预留的位置、尺寸、数量等应符合设计要求。

（二）预埋管线及预埋件

电气施工人员对预制墙构件进行检查，检查需要预埋的箱盒，线管、套管、大型支架埋件等是否漏设，规格、数量、位置等是否符合要求。预制墙构件中主要埋设：配电箱等电位联结箱、开关盒、插座盒、弱电系统接线盒、消防显示器、控制器、按钮、电话、电视、对讲等及其管线。预埋管线应畅通，金属管线内外壁应按规定做除锈和防腐处理清除管口毛刺。埋入楼板及墙内管线的保护层不小于 15 mm，消防管路保护层不小于 30 mm。

（三）防雷、等电位联结点的预埋

装配式建筑的预制柱是在工厂加工制作的，两段柱体对接时，较多采用的是套筒连接方式，即一段柱体端部为套筒，另一段柱体端部为钢筋，钢筋插入套筒后注浆。如用柱结构钢筋作为防雷引下线，就要将两段柱体钢筋用等截面钢筋焊接起来，达到电气贯通的目的。选择柱内的两根钢筋作为引下线和设置预埋件时，应尽量选择在预制墙、柱的内侧，以便于后期焊接操作。预制构件生产时应注意避雷引下线的预留预埋，在柱子的两个端部均需要焊接与柱筋同截面的扁钢，将其作为引下线埋件。应在设有引下线的柱子室外地面上 500 mm 处，设置接地电阻测试盒，测试盒内测试端子与引下线焊接。此处应在工厂加工预制柱时做好预留，预制构件进场时现场管理人员进行检查验收。

预制构件应在金属管道入户处做等电位联结，卫生间内的金属构件也应进行等电位联结，所以在生产加工过程中，应在预制构件中预留好等电位联结点。整体卫浴内的金属构件须在部品内完成等电位联结，并标明和外部联结的接口位置。

为防止侧击雷，应按照设计图纸的要求，将建筑物内的各种竖向金属管道与钢筋连接，部分外墙上的栏杆、金属门窗等较大金属物要与防雷装置相连，结构内的钢筋连成闭合回路作为防侧击雷接闪带。均压环及防侧击雷接闪带均须与引下线做可靠连接，预制构件处需要按照具体设计图纸要求预埋连接点。

三、整体卫浴安装预留预埋

施工测量卫生间截面进深、开间、净高、管道井尺寸、窗高，地漏、排水管口的尺寸，预留的冷热水接头、电气线盒、管线、开关、插座的位置等，此外应提前确认楼梯间，电梯的通行高度、宽度以及进户门的高度、宽度等，以便于整体卫浴部件的运输。

预留预埋前，进行卫生间地面找平、给水排水预留管口检查，确认排水管道及地漏是否畅通、无堵塞现象。检查洗脸面盆排水孔是否可以正常排水，对给水预留管口进行打压检查，确认管道无渗漏水问题。

按照整体卫浴说明书进行防水底盘加强筋的布置，布置加强筋时应考虑底盘的排水方向，同时应根据图纸设计要求在防水底盘上安装地漏等附件。

第七节　居住建筑全装修施工

一、基本知识

居住建筑全装修工程是实现土建装修一体化、设计标准化、装修部品集成供应、绿色施工，提高工程质量、节能减排的必要手段。

1. 全装修是指居住建筑在竣工前，建筑内部所有功能空间固定面全部铺装或粉刷完成，厨房和卫生间的基本设备全部安装完成；水、暖、电、通风等基本设备全部安装到位。

2. 部品是由基本建筑材料、产品、零配件等通过模数协调组合，工业化加工，作为系统集成和技术配套的部件，可在施工现场进行组装；为建筑中的某一单元且满足该部位规定的一项或者几项功能要求。

3. 全装修基础工程是装饰装修施工开始之前，对原房屋土建项目进行的后续工程，主要包含隔墙、水电安装、抹灰、木作、油漆等项目。

二、全装修工程的设计

1. 全装修设计应遵循建筑、装修、部品一体化的设计原则，推行装修设计标准化、模数化、通用化。

2. 全装修设计应遵循各部品（体系）之间集成化设计原则，并满足部品制造工厂化、施工安装装配化要求。

3. 施工综合图是在全装修设计图纸基础上，经过多专业共同会审协调，以具体施工部位为对象的、集多工种设计于一体的、用于直接指导施工的图纸，旨在反映所使用构（配）件，设备和各类管线的材质、规格、尺寸、连接方式和相对位置关系等。保证做到：

（1）建筑、结构、机电设备、装饰各专业的二次装配施工图进行图纸叠加，确认各专业图示的平面位置和空间高度进行相互避让与协调。

（2）应以装饰饰面控制为主导，遵循小断面避让大断面、侧面避让立面、阴接避让阳接的避让原则。

（3）室内装饰装配施工前，应进行装配综合图的确认工作，并经设计单位审核认可后，方可作为装配施工依据。

（4）施工过程中应减少对装配施工综合图和选用部件型号等事项的修改，如需修改时，应出具正式变更文件存档。

（5）采用统一，明确的配套性区域编码，实现无误的配套性区域标准化装配施工。

（6）特殊的节能原则，即零部件产品标准化，可拆装性及返厂进行多次加工翻新、改变色，质地的反复应用的特性。

三、全装修工程的组成

（一）装配式居住建筑全装修

装配式居住建筑全装修包括：预制构件、部品的装修施工和一般性装修施工。

（二）预制构件部品

预制构件，部品主要包含：

1. 非承重内隔墙系统；

2. 集成式厨房系统；

3. 集成式卫生间系统；

4. 预制管道井；

5. 预制排烟道；

6. 预制护栏。

预制构件，部品的装修施工一般在预制工厂内完成，限于本书篇幅，本章节仅介绍"非承重内隔墙系统"和"集成式卫生间系统"。

由于"集成式厨房系统"与"集成式卫生间系统"的组成类似，可参照相关内容进行设计，施工和验收。

"预制管道井""预制排烟道""预制护栏"的装饰施工过程因与"非承重内隔墙系统"相似，本章节不再重复进行介绍。

（三）一般性全装修施工

一般性全装修施工包括防水工程、内门窗工程、吊顶工程、墙面装饰工程、地面铺装工程、涂饰工程、细部工程等。由于"一般性全装修施工"的施工流程与传统的施工工艺没有区别，因此本章节不再对此部分内容做重复介绍。

（四）非承重内隔墙系统的施工

1. 施工前准备。

（1）检查验收主体墙面是否符合安装要求。

（2）检查产品编号、要求与图纸是否相符，核对预安装产品与已分配场地是否相符。

（3）检查防潮、防护、防腐处理是否达到要求。

（4）核对发货清单（饰面部件清单、配件清单）与到货数量是否正确，是否有质量问题，并填写检查表。

2. 施工操作步骤。

操作步骤：熟悉图纸、测量现场尺寸与设计—放线—安装锚固件—按顺序安装隔墙板—安装 L、U、T 形改向配板—安装收口板—检查、验收、成品保护。

室内饰面隔墙板安装的允许偏差及检验方法见表5-3。

表5-3　室内饰面隔墙板安装的允许偏差及检验方法

项次	项目	允许偏差						检验方法
		石材		瓷板	木板	塑料	金属	
		光面	麻面					
1	立面垂直度	2	3	2	1.5	2	2	激光标线仪和2m垂直检测尺检查
2	表面平整度	2	—	1.5	1	3	3	激光标线仪和2m靠尺、塞尺检查
3	阴阳角方正	2	4	2	1.5	3	3	直角检测尺检查
4	接缝直线度	2	4	2	1	1	1	激光标线仪和钢直尺或者拉5m线，不足5m拉通线，钢直尺检查
5	墙裙、踢脚线上口直线度	2	3	2	2	2	2	激光标线仪和钢直尺或者拉5m线，不足5m拉通线，钢直尺检查
6	接缝高低差	0.5	—	0.5	0.5	1	1	钢直尺和塞尺检查
7	接缝宽度	1	2	1	1	1	1	钢直尺检查

（五）集成式卫生间的设计与施工

随着人们生活质量的不断提高，人们对住宅卫生间的品质要求也越来越高。传统湿作业卫生间因渗水、漏水等问题已经越来越满足不了人们对生活质量的要求。集成式卫生间解决了传统湿作业卫生间的渗水、漏水问题，同时也减少了卫生间二次装修带来的建筑垃圾污染。

1.集成式卫生间的概念

集成式卫生间，就是采用标准化设计、工业化方式生产的一体化防水底盘、墙板及天花板构成的卫生间整体框架，并安装有卫浴洁具、浴室家具、浴屏、浴缸等功能洁具，可以在有限空间内实现洗漱、沐浴、梳妆、如厕等多种功能的独立卫生单元，见图5-64。

图5-64 整体卫浴图

集成式卫生间是在工厂内流水线分块生产墙板、底盘、天花板，然后运至施工现场组装而成。整体卫浴是一类技术成熟可靠、品质稳定优良并与国家建筑产业化生产方式，国家绿色节能环保施工相适应的产业化部品。建设工程采用整体卫浴，减少了现场作业量，提高了施工工艺水平，不仅省时省力，还可以降低传统能耗，减少建筑垃圾，科学有效利用资源，创造舒适、和谐的居住环境，具有显著的经济效益和节能环保效益。

2. 集成式卫生间施工工艺流程（见图 5-65）

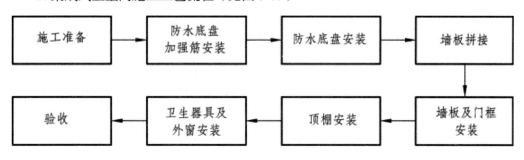

图 5-65　集成式卫生间施工工艺流程

3. 施工过程技术控制要点

（1）防水底盘加强筋安装。

按照整体卫浴说明书进行防水底盘加强筋的布置，加强筋布置时应考虑底盘的排水方向，同时应根据图纸设计要求在防水底盘上安装地漏等附件。

（2）防水底盘安装。

防水底盘安装应该遵循"先大后小"的原则，根据卫生间空间尺寸先安装大底盘，再安装小底盘，并应对底盘表面加设保护垫，防止施工中损坏污染防水底盘。然后用水平仪测量，确保防水底盘四周挡水边上的墙板安装面水平，并保证底盘坡向正确、坡度符合排水设计要求。

（3）墙板拼接。

根据墙板编号结合卫生间的尺寸及门洞尺寸，拼接墙板，拼接完成后应检查拼缝大小是否均匀一致，确保相邻两板表面平整一致、拼接缝细小均匀。墙板拼接应首先拼接阴阳角部分的墙板，并安装阴阳角连接片，确保两块墙板拼接牢固，然后拼接其他部分的墙面，并按要求布置安装墙面加强筋及加强筋连接片。

复核卫生间墙面卫生器具安装位置，对墙面进行开孔，确保附件开孔安装位置水平垂直，位置准确无误。然后在墙体前后安装阀门、管线、插座等零部件。

（4）墙板及门框安装。

将拼装好的墙板依次按空间位置摆放在与防水底盘对应的墙板安装面上，并用连接件将墙板与底盘固定牢固。

将靠门角的专用条形墙板安装固定在门结构墙面上，然后将门框与门洞四周的墙板连接固定牢固。

通过墙面检修孔进行浴室给水系统波纹管与用户给水接头的连接以及其他用水卫生器具的水嘴管线连接，并做水压试验，确保管线连接无渗漏。

（5）顶棚安装。

先复核卫生间顶棚灯具、排风扇等附件的安装位置，对顶棚进行开孔并安装风管、灯具等零部件，然后将安装完零部件的顶棚与墙板连接，并进行电气管线的连接及电气试运行，确保线路连接通畅无阻、运行正常。

（6）卫生器具及外窗安装。

在卫生间墙板上根据图纸设计要求，按照整体卫浴安装说明书，依次安装洗面台、坐便器、浴缸、淋浴室、毛巾架、梳妆镜等器具，最后进行卫生间外窗的安装。

4.施工质量控制要点

整体卫浴应能通风换气，无外窗的卫浴间应有防回流构造的排气通风道，并预留安装排气机械的位置和条件，且应安装有在应急时可从外面开启的门。

浴缸、坐便器及洗面器应排水通畅、不渗漏，产品应自带存水弯或配有专用存水弯，水封深度至少为 50 mm。卫浴间应便于清洗，清洗后地面不积水。

排水管道布置宜采用同层排水方式，排水工程施工完毕应进行隐蔽工程验收。

底部支撑尺寸 h 不大于 200 mm。安装管道的卫浴间外壁面与住宅相邻墙面之间的净距离 a 由设计确定。

参考文献

[1] 赵鹏远 . 建筑施工绿色建筑施工技术 [J]. 建材发展导向 ,2022（17）：114-116.

[2] 曲鹏 . 浅析建筑施工绿色建筑施工技术 [J]. 爱情婚姻家庭 ,2022（15）：168-169.

[3] 苗彤 . 建筑施工安全管理在建筑施工中的作用分析 [J]. 科海故事博览 ,2023（5）：82-84.

[4] 张多林 . 建筑施工安全管理在建筑施工中的作用探析 [J]. 科海故事博览 ,2021（34）：46-47.

[5] 张洪莲 . 优化建筑施工管理提高建筑施工质量探究 [J]. 商品与质量 ,2021（30）：349.

[6] 扈文凯 . 建筑施工噪声污染防治 [J]. 皮革制作与环保科技 ,2021（21）：136-137.

[7] 赵军生著 . 建筑工程施工与管理实践 [M]. 天津：天津科学技术出版社 ,2022.06.

[8] 李宗峰著 . 智能建筑施工与管理技术探索 [M]. 天津：天津科学技术出版社 ,2022.06.

[9] 李楠，张东宁 . 装配式建筑施工 [M]. 北京：化学工业出版社 ,2022.10.

[10] 檀建成，刘东娜，杨平编 . 建筑工程施工组织与管理 [M]. 北京：清华大学出版社 ,2022.10.

[11] 许传山 . 浅析建筑施工安全管理 [J]. 现代职业安全 ,2023（2）：20-21.

[12] 王丹云 . 建筑施工质量控制措施 [J]. 科海故事博览 ,2023（1）：31-33.

[13] 程黎爽 . 探讨建筑施工节能技术 [J]. 建材与装饰 ,2023（1）：9-11.

[14] 左晨，高伦 . 建筑施工安全管理研究 [J]. 砖瓦 ,2023,（1）：114-116.

[15] 白芳立 . 建筑施工安全管理在建筑施工中的作用 [J]. 中国航班 ,2022（14）：155-158.

[16] 刘海龙，尹克俭，韩阳 . 建筑施工技术与工程管理 [M]. 长春:吉林人民出版社 ,2022.09.

[17] 史向红作 . 建筑工程施工安全技术管理与事故预防 [M]. 北京：中国建材工业出版社 ,2022.11.

[18] 肖义涛，林超，张彦平编 . 建筑施工技术与工程管理 [M]. 北京：中华工商联合出版社 ,2022.07.

[19] 王雪飞编 . 装配式混凝土建筑施工方法与质量控制 [M]. 北京：中国建筑工业出版社 ,2022.07.

[20] 郑德明 . 建筑施工管理提高建筑施工质量的强化分析 [J]. 居业 ,2022（5）：152-154.

[21] 汪志宏 . 建筑施工成本控制分析及优化研究 [J]. 中国航班 ,2023（17）.

[22] 王素卿 . 建筑施工企业造价管理 [J]. 建材与装饰 ,2022（2）：81-83.

[23] 严学平 . 论建筑施工成本控制 [J]. 中国房地产 ,2022（2）：215-217.

[24] 王保安，樊超，张欢作 . 建筑施工组织设计研究 [M]. 长春：吉林科学技术出版社 ,2022.08.

[25] 张海龙，伍培，张东明 . 智能建筑技术 [M]. 北京：冶金工业出版社 ,2022.09.

[26] 戴淑娟，莫妮娜编 . 建筑构造基础 [M]. 北京：中国建筑工业出版社 ,2022.08.

[27] 余斌主编；詹凤程，简小生，张铁钢副主编 . 建筑施工技术 [M]. 北京：中国财政经济出版社 ,2022.08.

[28] 建筑施工技术 [M]. 北京华世优图文化发展有限公司 ,2022.08.

[29] 韩德祥，蒋春龙，杜明兴作 . 建筑施工安全技术与管理研究 [M]. 长春：吉林科学技术出版社 ,2022.08.

[30] 张统华作 . 建筑工程施工管理研究 [M]. 长春：吉林科学技术出版社 ,2022.08.

[31] 刘太阁，杨振甲，毛立飞编 . 建筑工程施工管理与技术研究 [M]. 长春：吉林科学技术出版社 ,2022.08.

[32] 王朝阳 . 浅析高层建筑的施工安全 [J]. 商品与质量 ,2021（14）：95.

[33] 倪泽辉 . 房屋建筑施工管理与质量控制的探讨 [J]. 大科技 ,2023（16）：4-6.

[34] 刘群 . 土木工程建筑施工管理 [J]. 中国房地产 ,2021（10）：96.

[35] 徐超 . 建筑施工高层房屋建筑施工技术分析 [J]. 建筑与预算 ,2021（3）：104-106.